T0224730

Patentstrategien

Thomas Heinz Meitinger

Patentstrategien

Patentanmeldestrategien und Abwehr
störender Patente

 Springer Vieweg

Dr. Thomas Heinz Meitinger
Meitinger & Partner Patentanwalts PartGmbB
München, Deutschland

ISBN 978-3-662-65088-2   ISBN 978-3-662-65089-9   (eBook)
https://doi.org/10.1007/978-3-662-65089-9

Die Deutsche Nationalbibliothek verzeichnet diese Publikation in der Deutschen Nationalbibliografie; detaillierte bibliografische Daten sind im Internet über http://dnb.d-nb.de abrufbar.

Planung/Lektorat: Markus Braun
Springer Vieweg ist ein Imprint der eingetragenen Gesellschaft Springer-Verlag GmbH, DE und ist ein Teil von Springer Nature.
Die Anschrift der Gesellschaft ist: Heidelberger Platz 3, 14197 Berlin, Germany

Vorwort

Patentstrategien können in Patentanmeldestrategien und Strategien zur Abwehr störender Patente unterteilt werden. Patentanmeldestrategien bestimmen den geographischen Umfang des rechtlichen Schutzes einer Erfindung vor Imitation. Es wird daher ein Schutz der betreffenden Erfindung in ausländischen Staaten bzw. in Regionen angestrebt. Hierzu kann insbesondere das Prioritätsrecht genutzt werden. Der Anmelder einer deutschen Anmeldung wird sich spätestens kurz vor Ablauf des Prioritätsjahrs vor die Frage gestellt sehen, ob er Nachanmeldungen in ausländischen Ländern vornehmen soll. Diese Frage muss zunächst aus betriebswirtschaftlicher Sicht beantwortet werden, indem die Länder bestimmt werden, die für das Unternehmen wichtige Märkte darstellen. Es kann außerdem sinnvoll sein, in einem Land ein Patent zu erlangen, in dem ein Wettbewerber seine Produktionskapazitäten hat. In diesem Fall kann der Wettbewerber vollständig blockiert werden. Nach der Auflistung der relevanten Länder kann eine Anmeldestrategie entwickelt werden, die kosteneffizient die gewünschten Länder abdeckt.

Strategien zur Abwehr störender Schutzrechte beziehen sich vor allem auf Patente. In aller Regel wird eine Patentanmeldung nicht als störend empfunden, da diese nicht von ihrem Inhaber durchgesetzt werden kann bzw. da es noch überhaupt nicht klar ist, was überhaupt der Schutzbereich der Anmeldung ist. Der Schutzumfang wird erst durch die Patenterteilung bestimmt. Es ist durchaus möglich, dass sich nach Patenterteilung herausstellt, dass der Schutzumfang des erteilten Patents nicht stört, da das eigene Produkt keine Patentverletzung darstellt. Es ist auch möglich, dass sich aus einer Patentanmeldung überhaupt kein Schutzbereich ergibt, da die Patentanmeldung zurückgewiesen wurde. Eine Patentanmeldung ist eben ein ungeprüftes Schutzrecht.

Ein Gebrauchsmuster ist ebenfalls ein ungeprüftes Schutzrecht, obwohl es ein vollständig durchsetzbares Schutzrecht ist. Dennoch wird es der Inhaber eines eingetragenen Gebrauchsmusters schwer haben, eine einstweilige Verfügung ohne vorherige mündliche Anhörung der Gegenseite zu erhalten. Die Chancen hierfür sind bei einem Patent deutlich besser.

Dieses Fachbuch erläutert die empfehlenswerten Anmeldestrategien und zeigt, wie störende Patente abgewehrt werden können bzw. wie mit dem Inhaber des störenden Patents eine Lizenzvereinbarung erzwungen werden kann.

München   Patentanwalt Dr. Thomas Heinz Meitinger
im Januar 2022

Inhaltsverzeichnis

1	**Einführung**	1
1.1	Warum Patentstrategie?	2
1.2	Patentstrategie „kein Patent"	4
	1.2.1 Geheimhaltung ist schwierig	4
	1.2.2 „Erfindungen liegen in der Luft"	4
	1.2.3 Vorbenutzungsrecht muss dokumentiert sein	5
1.3	Leitlinie einer Patentstrategie	5
	1.3.1 Wirtschaftlich wichtige Erfindungen schützen	5
	1.3.2 Heimatmarkt und wichtige Auslandsmärkte schützen	6
	1.3.3 Innerhalb des Prioritätsjahrs Weiterentwicklungen schützen	6
1.4	Offensive und defensive Patentstrategien	7
1.5	Patentbewertung	8
2	**Schutzrechtsarten**	11
2.1	Patent	12
	2.1.1 Neuheit	13
	2.1.2 Erfinderische Tätigkeit	13
	2.1.3 Aufgabe-Lösungs-Ansatz	14
	2.1.4 Rechte eines Patentinhabers	15
2.2	Patentanmeldung	16
2.3	Gebrauchsmuster	16
	2.3.1 Voraussetzung	16
	2.3.2 Kleiner Bruder des Patents?	17
	2.3.3 Paralleles Schutzrecht	18
	2.3.4 Neuheitsschonfrist	18
	2.3.5 Ungeprüftes Schutzrecht	18
2.4	Schriftartencodes der WIPO	18
2.5	Schriftartencodes des deutschen Patentamts	19
2.6	Aktenzeichenformat des deutschen Patentamts	19

3   Grundlagen von Patentstrategien   23

3.1   Patent versus Patentanmeldung   24

3.2   Patent versus Gebrauchsmuster   25

3.3   Grundlagen einer Patentanmeldestrategie   25

    3.3.1   Patentanmeldestrategie auf Basis einer Patentanmeldung
oder eines Gebrauchsmusters   25

    3.3.2   Anmeldezeitpunkt   26

3.4   Grundlagen der Abwehr eines Patents   27

3.5   Recherche nach dem Stand der Technik   27

3.6   Akteneinsicht beim deutschen und beim europäischen Patentamt   29

3.7   Freedom-to-operate-Gutachten   31

3.8   Gesetz zum Schutz von Geschäftsgeheimnissen (GeschGehG)   32

    3.8.1   Voraussetzungen   32

    3.8.2   Ansprüche gegen Rechtsverletzer   32

    3.8.3   Eigenständige Schöpfung durch Dritte und Reverse
Engineering   33

    3.8.4   Vergleich Patentrecht und Geschäftsgeheimnisgesetz   34

3.9   Geheimhaltungsvereinbarung   34

    3.9.1   Geheimhaltungserklärung wegen einer Präsentation   35

    3.9.2   Geheimhaltungsvereinbarung für eine Kooperation   35

3.10   Lizenzvereinbarung   36

3.11   Schutzrechtsverkauf   39

4   Patentanmeldestrategien   41

4.1   Patentfamilie   42

4.2   Priorität   42

    4.2.1   Innere Priorität   43

    4.2.2   Kettenpriorität   43

4.3   Europäische Patentanmeldung   44

4.4   Internationale Anmeldung   44

4.5   Teilanmeldung   46

4.6   Gebrauchsmusterabzweigung   51

4.7   Gegenstände der Schutzrechte einer Patentfamilie   52

4.8   Beispiele   52

    4.8.1   Deutsche Anmeldung als Erstanmeldung   52

    4.8.2   US-amerikanische Anmeldung als Erstanmeldung   53

    4.8.3   Deutsche Erstanmeldung und ausländische, nationale
Nachanmeldung   53

    4.8.4   Deutsche Erstanmeldung und europäische Nachanmeldung   55

    4.8.5   Deutsche Erstanmeldung und internationale
Nachanmeldung   55

4.8.6 Europäische Erstanmeldung und nationale
Nachanmeldungen 57
4.8.7 Internationale Erstanmeldung und nationale
Nachanmeldungen 59
4.8.8 Parallele deutsche und ausländische Patentanmeldungen 60
4.8.9 Deutsche Patentanmeldung und paralleles deutsches
Gebrauchsmuster 60

5 Anmeldestrategien unterschiedlicher Unternehmenstypen 63
5.1 Einzelanmelder 64
5.2 Existenzgründer 64
5.3 Startup-Unternehmen 65
5.3.1 Beispiel: Carbonauten GmbH 66
5.3.2 Beispiel: Toposens GmbH 70
5.4 Copycat-Unternehmen 75
5.4.1 Beispiel: Zalando SE 76
5.5 Etablierte Unternehmen 77
5.6 Kleine und mittlere Unternehmen (KMU) 77
5.7 Großunternehmen 78
5.7.1 Beispiel: Gühring KG 78
5.7.2 Beispiel: Trumpf Werkzeugmaschinen GmbH + Co. KG 80
5.8 Internationale Großunternehmen 82
5.8.1 Beispiel: Robert Bosch GmbH 82
5.8.2 Beispiel: Daimler AG 87

6 Abwehr störender Patente und Gebrauchsmuster 93
6.1 Ansprüche 95
6.1.1 Arten von Ansprüchen 95
6.1.2 Hauptanspruch und Nebenansprüche 95
6.1.3 Aufbau eines unabhängigen Anspruchs 96
6.1.4 Anspruchssatz 98
6.1.5 Merkmalsgliederung 99
6.2 Freedom-to-operate-Gutachten 101
6.3 Eingabe Dritter im Erteilungsverfahren 102
6.4 Einspruch 103
6.4.1 Neuheit 103
6.4.2 Erfinderische Tätigkeit 104
6.4.3 Unzulässige Erweiterung 104
6.4.4 Mangelnde Ausführbarkeit 105
6.5 Nichtigkeitsverfahren 105
6.5.1 Nichtigkeitsgründe 106

6.5.2   Nichtigkeitsklage   106
6.5.3   Beteiligte des Nichtigkeitsverfahrens   107
6.5.4   Verfahren in erster Instanz   108
6.5.5   Klageänderung   108
6.5.6   Parteiwechsel   109
6.5.7   Klagerücknahme   109
6.5.8   Erledigung der Hauptsache   109
6.5.9   Prozessverbindung und Prozesstrennung   110
6.5.10   Entscheidung in erster Instanz   110
6.5.11   Berufungsverfahren   110
6.5.12   Allgemeine Grundsätze   111
6.5.13   Abgrenzung zum Einspruchsverfahren   111
6.6   Gebrauchsmusterlöschungsverfahren   111
6.7   Behinderung der Wettbewerber   112
6.7.1   Nachveröffentlichter Stand der Technik   114
6.7.2   Erste Veröffentlichung des störenden Schutzrechts
         ist eine Offenlegungsschrift   114
6.7.3   Erste Veröffentlichung des störenden Schutzrechts
         ist ein Patent   115
6.7.4   Ausnutzen der Zeitzonen   116
6.7.5   Abwehr   116
6.8   U-Boot-Strategie   116
6.8.1   In der Beschreibung versteckter Gegenstand   117
6.8.2   Teilanmeldung   117
6.8.3   Gebrauchsmusterabzweigung   118
6.8.4   Weiterentwicklungen innerhalb der Prioritätsfrist   118

7   Durchsetzung von Schutzrechten   119
7.1   Berechtigungsanfrage   119
7.2   Abmahnung   120
7.2.1   Berechtigte, unberechtigte und rechtsmissbräuchliche
         Abmahnung   121
7.2.2   Inhalt einer Abmahnung   121
7.3   Verletzungsverfahren   123
7.3.1   Zuständigkeit   123
7.3.2   Aktivlegitimation   123
7.3.3   Passivlegitimation   124
7.3.4   Klageansprüche   124
7.3.5   Klagebegründung   126

8 Vorlagen 127
   8.1   Geheimhaltungserklärung wegen einer Präsentation 127
   8.2   Geheimhaltungsvereinbarung für eine Kooperation 128
   8.3   Schutzrechtskauf 131
   8.4   Lizenzvertrag 132
   8.5   Eingabe eines Dritten im Erteilungsverfahren 136
   8.6   Einspruch 139
   8.7   Berechtigungsanfrage 154
   8.8   Abmahnung 155

Über den Autor

Patentanwalt Dr. Thomas Heinz Meitinger ist deutscher und europäischer Patentanwalt. Er ist der Managing Partner der Meitinger & Partner Patentanwalts PartGmbB. Die Meitinger & Partner Patentanwalts PartGmbB ist eine mittelständische Patentanwaltskanzlei in München. Nach einem Studium der Elektrotechnik in Karlsruhe arbeitete er zunächst als Entwicklungsingenieur. Spätere Stationen waren Tätigkeiten als Produktionsleiter und technischer Leiter in mittelständischen Unternehmen. Dr. Meitinger veröffentlicht regelmäßig wissenschaftliche Artikel, schreibt Fachbücher zum gewerblichen Rechtsschutz und hält Vorträge zu Themen des Patent-, Design- und Markenrechts. Dr. Meitinger ist Dipl.-Ing. (Univ.) und Dipl.-Wirtsch.-Ing. (FH). Außerdem führt er folgende Mastertitel: LL.M., LL.M., MBA, MBA, M.A. und M.Sc.

Abkürzungen

BGH	Bundesgerichtshof
BPatG	Bundespatentgericht
DPMA	Deutsches Patent- und Markenamt
EPA	Europäisches Patentamt
EuG	Gericht der Europäischen Union
EuGH	Europäischer Gerichtshof
EUIPO	Amt der Europäischen Union für geistiges Eigentum (bis 23. März 2016: Harmonisierungsamt für den Binnenmarkt (Marken, Muster und Modelle))
WIPO	Weltorganisation für geistiges Eigentum (World Intellectual Property Organization)

Gesetze

Amtliche Vergütungsrichtlinien Richtlinien für die Vergütung von Arbeitnehmer-erfindungen im privaten Dienst vom 20. Juli 1959 (Beilage zum BAnz. Nr. 156), geändert durch die Richtlinie vom 1. September 1983 (BAnz. Nr. 169 = BArbBl. 11/1983 S. 27).

Arbeitnehmererfindungsgesetz (ArbEG) Gesetz über Arbeitnehmererfindungen in der im Bundesgesetzblatt Teil III, Gliederungsnummer 422-1, veröffentlichten bereinigten Fassung, das zuletzt durch Artikel 25 des Gesetzes vom 7. Juli 2021 (BGBl. I S. 2363) geändert worden ist.

BGB Bürgerliches Gesetzbuch in der Fassung der Bekanntmachung vom 2. Januar 2002 (BGBl. I S. 42, 2909; 2003 I S. 738), das zuletzt durch Artikel 10 des Gesetzes vom 30. März 2021 (BGBl. I S. 607) geändert worden ist.

EPÜ Übereinkommen über die Erteilung europäischer Patente (Europäisches Patent-übereinkommen) vom 5. Oktober 1973 in der Fassung der Akte zur Revision von Artikel 63 EPÜ vom 17. Dezember 1991 und der Akte zur Revision des EPÜ vom 29. November 2000.

Gebrauchsmustergesetz in der Fassung der Bekanntmachung vom 28. August 1986 (BGBl. I S. 1455), das zuletzt durch Artikel 23 des Gesetzes vom 23. Juni 2021 (BGBl. I S. 1858) geändert worden ist.

GeschGehG Gesetz zum Schutz von Geschäftsgeheimnissen vom 18 April 2019 (BGBl. I S. 466)

GVG Gerichtsverfassungsgesetz in der Fassung der Bekanntmachung vom 9. Mai 1975 (BGBl. I S. 1077), das zuletzt durch Artikel 4 des Gesetzes vom 9. März 2021 (BGBl. I S. 327) geändert worden ist.

IntPatÜbkG Gesetz über internationale Patentübereinkommen vom 21. Juni 1976 (BGBl. 1976 II S. 649), das zuletzt durch Artikel 1 des Gesetzes vom 20. August 2021 (BGBl. I S. 3914) geändert worden ist

Patent Cooperation Treaty (PCT) Vertrag über die internationale Zusammenarbeit auf dem Gebiet des Patentwesens unterzeichnet in Washington am 19. Juni 1970, geändert am 28. September 1979, am 3. Februar 1984 und am 3. Oktober 2001.

Patentkostengesetz vom 13. Dezember 2001 (BGBl. I S. 3656), das zuletzt durch Artikel 3 des Gesetzes vom 11. Dezember 2018 (BGBl. I S. 2357) geändert worden ist.

Patentverordnung vom 1. September 2003 (BGBl. I S. 1702), die zuletzt durch Artikel 71 des Gesetzes vom 10. August 2021 (BGBl. I S. 3436) geändert worden ist.

PatG Patentgesetz in der Fassung der Bekanntmachung vom 16. Dezember 1980 (BGBl. 1981 I S. 1), das zuletzt durch Artikel 22 des Gesetzes vom 23. Juni 2021 (BGBl. I S. 1858) geändert worden ist.

PVÜ Pariser Verbandsübereinkunft zum Schutz des gewerblichen Eigentums vom 20. Marz 1883, revidiert in BRÜSSEL am 14. Dezember 1900, in WASHINGTON am 2. Juni 1911, im HAAG am 6. November 1925, in LONDON am 2. Juni 193, in LISSABON am 31. Oktober 1958 und in STOCKHOLM am 14. Juli 1967 und geändert am 2. Oktober 1979.

RVG Rechtsanwaltsvergütungsgesetz vom 5. Mai 2004 (BGBl. I S. 718, 788), das zuletzt durch Artikel 3 des Gesetzes vom 2. Juni 2021 (BGBl. I S. 1278) geändert worden ist.

UWG Gesetz gegen den unlauteren Wettbewerb in der Fassung der Bekanntmachung vom 3. März 2010 (BGBl. I S. 254), das zuletzt durch Artikel 1 des Gesetzes vom 10. August 2021 (BGBl. I S. 3504) geändert worden ist.

ZPO Zivilprozessordnung in der Fassung der Bekanntmachung vom 5. Dezember 2005 (BGBl. I S. 3202; 2006 I S. 431; 2007 I S. 1781), die zuletzt durch Artikel 8 des Gesetzes vom 22. Dezember 2020 (BGBl. I S. 3320) geändert worden ist.

Abbildungsverzeichnis

Abb. 1.1	Patentstrategien.	3
Abb. 3.1	Depatisnet: Basis- und Expertenrecherche.	28
Abb. 3.2	DPMA: Basisrecherche	28
Abb. 3.3	Empfehlenswerte Recherchestrategie.	29
Abb. 3.4	DPMAregister: Registerauszug	30
Abb. 3.5	DPMA: Registerauskunft.	30
Abb. 3.6	DPMA: Registerauskunft – Verfahrensdaten	31
Abb. 4.1	Beispiel 1 einer Patentfamilie der Balluff GmbH	54
Abb. 4.2	Deutsche Erstanmeldung und nationale, ausländische Nachanmeldungen	55
Abb. 4.3	Deutsche Erstanmeldung und europäische Nachanmeldung	56
Abb. 4.4	Beispiel 2 einer Patentfamilie der Balluff GmbH	56
Abb. 4.5	Deutsche Erstanmeldung und internationale Nachanmeldung.	57
Abb. 4.6	Deutsche Erstanmeldung, internationale und europäische Nachanmeldung	57
Abb. 4.7	Beispiel 3 einer Patentfamilie der Balluff GmbH	58
Abb. 4.8	Europäische Erstanmeldung.	59
Abb. 4.9	Beispiel 4 einer Patentfamilie der Balluff GmbH	59
Abb. 4.10	Internationale Erstanmeldung.	60
Abb. 5.1	Trefferliste der Carbonauten GmbH.	66
Abb. 5.2	Patentfamilie der Carbonauten GmbH	66
Abb. 5.3	Bibliographischer Teil der WO 2021/115636 A1.	67
Abb. 5.4	Bibliografischer Teil der DE 10 2020 132935 A1	69
Abb. 5.5	Patentfamilie der Carbonauten GmbH - schematisch	70
Abb. 5.6	Idealtypische Patentfamilie	70
Abb. 5.7	Patentfamilie 1 „3D-Positionsbestimmung" der Toposens GmbH. . . .	70
Abb. 5.8	Patentfamilie 2 „3D-Positionsbestimmung" der Toposens GmbH. . . .	71
Abb. 5.9	Deutsche Erstanmeldung der Toposens GmbH	72
Abb. 5.10	Internationale Anmeldung der Toposens GmbH	73

Abb. 5.11   US-Anmeldung der Toposens GmbH.   74
Abb. 5.12   Patentfamilie 2 „3D-Positionsbestimmung" der Toposens GmbH –
             schematisch   75
Abb. 5.13   Schutzrechte der Zappos IP Inc.   76
Abb. 5.14   Patentfamilie „Zirkulärfräswerkzeug" der Gühring KG   79
Abb. 5.15   Patentfamilie „Zirkulärfräswerkzeug" der Gühring
             KG – schematisch.   80
Abb. 5.16   Patentfamilie „Hydraulik-Dehnspannfutter" der Gühring KG.   80
Abb. 5.17   Patentfamilie „Gasdüse" der Trumpf Werkzeugmaschinen
             GmbH+Co. KG.   81
Abb. 5.18   Patentfamilie „Gasdüse" der Trumpf Werkzeugmaschinen
             GmbH+Co. KG – schematisch   81
Abb. 5.19   Patentfamilie „Abdeckungskarte" der Robert Bosch GmbH   83
Abb. 5.20   Patentfamilie „Abdeckungskarte" der Robert Bosch
             GmbH – schematisch   83
Abb. 5.21   Patentfamilie „Wischblattvorrichtung" der Robert Bosch GmbH   84
Abb. 5.22   Patentfamilie „Wischblattvorrichtung" der Robert Bosch GmbH –
             schematisch   84
Abb. 5.23   Gebrauchsmuster „Werkzeugmaschine" der Robert Bosch GmbH   85
Abb. 5.24   Patentfamilie „Getriebe-Antriebseinrichtung" der Robert
             Bosch GmbH   85
Abb. 5.25   Patentfamilie „Vertrauensdomänen" der Robert Bosch GmbH   86
Abb. 5.26   Patentfamilie „Vertrauensdomänen" der Robert Bosch
             GmbH – schematisch   86
Abb. 5.27   Patentfamilie „Partikelbelastung" der Robert Bosch GmbH   87
Abb. 5.28   Patentfamilie „Partikelbelastung" der Robert Bosch
             GmbH – schematisch   87
Abb. 5.29   Patentfamilie „Zugangs- und Fahrberechtigungen" der
             Daimler AG.   88
Abb. 5.30   Deutsche Erstanmeldung der Daimler AG   88
Abb. 5.31   Internationale Anmeldung der Daimler AG   89
Abb. 5.32   US-Anmeldung der Daimler AG   90
Abb. 5.33   Patentfamilie „Zugangs- und Fahrberechtigungen" der
             Daimler AG – schematisch.   91

Tabellenverzeichnis

Tab. 1.1 Offensive versus defensive Patentstrategien 8

Tab. 2.1 Vergleich von Patent, Patentanmeldung und Gebrauchsmuster 12

Tab. 2.2 Schriftartencodes ST.16 der WIPO 19

Tab. 2.3 Schriftartencodes des deutschen Patentamts 20

Tab. 2.4 Aktenzeichenformat des deutschen Patentamts 20

Tab. 2.5 Kennziffern des deutschen Aktenzeichens 21

Tab. 2.6 Beispiel 1 eines deutschen Aktenzeichens 21

Tab. 2.7 Beispiel 2 eines deutschen Aktenzeichens 21

Tab. 2.8 Beispiel 3 eines deutschen Aktenzeichens 22

Tab. 3.1 Vergleich Patent und Patentanmeldung 24

Tab. 3.2 Vergleich Patent und Gebrauchsmuster 25

Tab. 3.3 Patent versus Geschäftsgeheimnis 34

Tab. 4.1 Mitgliedsstaaten des Europäischen Patentübereinkommens EPÜ 45

Tab. 4.2 Mitgliedsstaaten des Patent Cooperation Treaty PCT 47

Tab. 6.1 Aufbau eines Vorrichtungsanspruchs 97

Tab. 6.2 Aufbau eines Verfahrensanspruchs 97

Tab. 6.3 Anspruchssatz mit einer Vorrichtung als Hauptanspruch 98

Tab. 6.4 Anspruchssatz mit einem Verfahren als Hauptanspruch 98

Einführung

1

Inhaltsverzeichnis

1.1   Warum Patentstrategie? 2
1.2   Patentstrategie „kein Patent" 4
    1.2.1   Geheimhaltung ist schwierig 4
    1.2.2   „Erfindungen liegen in der Luft" 4
    1.2.3   Vorbenutzungsrecht muss dokumentiert sein. 5
1.3   Leitlinie einer Patentstrategie. 5
    1.3.1   Wirtschaftlich wichtige Erfindungen schützen 5
    1.3.2   Heimatmarkt und wichtige Auslandsmärkte schützen. 6
    1.3.3   Innerhalb des Prioritätsjahrs Weiterentwicklungen schützen 6
1.4   Offensive und defensive Patentstrategien 7
1.5   Patentbewertung. 8

Dieses Buch beschreibt Patentstrategien, die eine Anleitung für den richtigen Umgang mit technischen Schutzrechten, also Patenten und Gebrauchsmustern, und zwar national und international, bieten. Die beste Patentstrategie beginnt mit dem Anmelden eigener, starker Schutzrechte.

Ein starkes Schutzrecht liegt vor, falls mit dem Patent oder dem Gebrauchsmuster jedem unberechtigten Dritten verboten werden kann, eine Erfindung nachzubauen und zu verkaufen, die er gerne vertreiben würde. Ein starkes Schutzrecht weist daher zwei Aspekte auf, zum einen wird in dem Schutzrecht eine wirtschaftlich wertvolle Erfindung beschrieben und außerdem enthält das Schutzrecht Ansprüche, die einen Nachbau und den Vertrieb des Gegenstands des Schutzrechts verhindern.

Ein Patent mit einer technischen Lehre, die kein Dritter anwenden möchte, ist wertlos. Derartige Patente sollten durch Nichtzahlung der Jahresgebühren fallen gelassen werden. Ein starkes Patent weist daher eine wirtschaftlich wertvolle technische Lehre auf, die

T. H. Meitinger, *Patentstrategien*, https://doi.org/10.1007/978-3-662-65089-9_1

1

außerdem vor der Nachahmung durch Umgehungslösungen weitgehend geschützt ist. Hierzu sind eine ausreichend detaillierte Beschreibung der technischen Lehre und gut formulierte Patentansprüche erforderlich, die einen großen Schutzbereich ergeben. Es ist natürlich zu berücksichtigen, dass nur beansprucht werden kann, was nicht dem Stand der Technik angehört oder durch ihn nahegelegt wird. Zum Stand der Technik gehört alles, was bereits bekannt ist. Auch bei größtem Bemühen kann ein starkes Patent nicht erreicht werden, falls der entgegengehaltene Stand der Technik es verhindert.

Es kann passieren, dass man nicht selbst auf eine zündende Idee gekommen ist, sondern dass eine wichtige Erfindung von einem Wettbewerber zum Patent angemeldet wurde. Es kann hinzukommen, dass der Wettbewerber keine Lizenzen vergibt und die Erfindung allein ausbeuten möchte.

In diesem Fall kann es der einzige Weg sein, das fremde Schutzrecht anzugreifen. Die richtige Patentstrategie ist dann, eine Lizenz zu erzwingen, am besten eine Freilizenz, oder das Schutzrecht zunichte zu machen.

Entsprechend dieser logischen Abfolge der unterschiedlichen Patentstrategien ist das Buch aufgebaut. Zunächst werden die optionalen Anmeldestrategien erläutert. Hierzu werden insbesondere die Vor- und Nachteile bezüglich der möglichen Unternehmenstypen diskutiert. Danach werden Möglichkeiten aufgezeigt, um störende Schutzrechte abzuwehren.

1.1 Warum Patentstrategie?

Die beste Patentstrategie ist zunächst, wirtschaftlich wertvolle Erfindungen anzumelden und im Erteilungsverfahren darauf zu achten, dass der Schutzumfang möglichst groß ist, damit Umgehungslösungen verhindert werden. Sind diese beiden Voraussetzungen erfüllt, kann von einem wirtschaftlich wichtigen Patent ausgegangen werden.

Spätestens kurz vor Ablauf der Prioritätsfrist stellt sich die Frage nach Nachanmeldungen im Ausland. Nachanmeldungen kommen natürlich nur für wirtschaftlich wertvolle Erfindungen in Frage. Durch Nachanmeldungen kann der rechtliche Schutz auf ausländische Staaten ausgedehnt werden. Es ist zu bestimmen, welche ausländischen Märkte relevant sind und in welchen Ländern die Konkurrenten ihre Produkte herstellen. Für diese ausländischen Staaten kommen Nachanmeldungen infrage. Ist geklärt, für welche ausländischen Staaten ein Patent benötigt wird, kann die kostengünstigste Patentanmeldestrategie ermittelt werden.[1]

Die Konkurrenten können ebenfalls gute Ideen haben und diese zum Patent anmelden. Eventuell können die fremden Schutzrechte sogar den eigenen Marktanteil gefährden bzw. das eigene Marktwachstum beschneiden. In diesem Fall liegen störende Schutzrechte vor. Kann eine Lizenz erworben werden, ist die Situation relativ problem-

---

[1] Kap. 4 Patentanmeldestrategien.

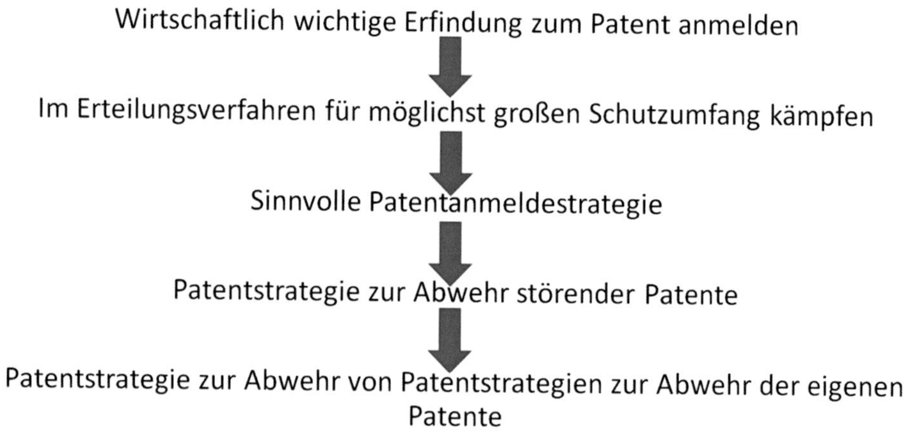

Wirtschaftlich wichtige Erfindung zum Patent anmelden

Im Erteilungsverfahren für möglichst großen Schutzumfang kämpfen

Sinnvolle Patentanmeldestrategie

Patentstrategie zur Abwehr störender Patente

Patentstrategie zur Abwehr von Patentstrategien zur Abwehr der eigenen Patente

Abb. 1.1 Patentstrategien

los bereinigt. Andernfalls sind weitere Optionen zu prüfen, um die Marktchancen des eigenen Unternehmens zu wahren.[2]

Andererseits können die eigenen Patente von den Konkurrenten als störend empfunden werden. In diesem Fall liegt sogar ein Qualitätsbeweis vor. Werden Patente nicht von der Konkurrenz als störend wahrgenommen, sind diese Patente zumeist wertlos und das Aufrechthalten stellt eine Verschwendung von Ressourcen dar.

Es kann daher vorkommen, dass gegen die eigenen Patente Maßnahmen der Abwehr durch Konkurrenzunternehmen ergriffen werden. In diesem Fall stellt sich die Frage nach Gegenmaßnahmen zur Abwehr von Maßnahmen der Abwehr der eigenen Patente.

Die Abb. 1.1 zeigt die logische Abfolge der Patentstrategien, bei der zunächst für wirtschaftlich wichtige Patente gesorgt werden sollte. Dies kann durch wertvolle Erfindungen, die in einer Anmeldung gut beschrieben werden, erreicht werden. Im Prüfungsverfahren muss sich der Anmelder darum bemühen, vor dem Hintergrund der vom Patentprüfer des Patentamts ermittelten Dokumente des Stands der Technik, den größtmöglichen Schutzumfang erteilt zu bekommen.

Gelingt es nicht, wirtschaftlich wertvolle Patente zu erlangen, weil die Wettbewerber erfolgreicher entwickelt und seine Erfindungen früher zum Patent angemeldet hat, stellt sich dem Patentstrategen die Aufgabe, diese fremden Schutzrechte in ihrer Verbotswirkung auszuhebeln. War man andererseits selbst erfolgreich und hat man im Gegensatz zu den Wettbewerbern die wertvollen Patente erhalten, gilt es diese durch die Abwehr von schädigenden Maßnahmen der Wettbewerber zu schützen.

---

[2] Kap. 6 Abwehr störender Patente und Gebrauchsmuster.

1.2   Patentstrategie „kein Patent"

Es ist auch eine Patentstrategie, kein Schutzrecht anzustreben und auf das Anmelden von Erfindungen beim Patentamt insgesamt zu verzichten. Hierdurch kann man sich die Kosten und den Aufwand für die Ausarbeitung und die Verfolgung von Schutzrechten sparen. Insbesondere wenn die Erfindung im Ausland geschützt werden soll, ist mit hohen Kosten zu rechnen. Der Verzicht auf den rechtlichen Schutz durch Patente und Gebrauchsmuster wird jedoch mit einigen Nachteilen erkauft.

Eine weitere Alternative zu einem Patent oder einem Gebrauchsmuster ist das Wahren des eigenen Know-Hows als Geschäftsgeheimnis nach dem Gesetz zum Schutz von Geschäftsgeheimnissen.[3]

1.2.1   Geheimhaltung ist schwierig

Die Unternehmen sehen sich einer zunehmenden Mitarbeiterfluktuation konfrontiert, wobei die Mitarbeiter tendenziell eher zu Unternehmen wechseln, die ähnliche Produkte herstellen wie ihr bisheriger Arbeitgeber. Die ehemaligen Mitarbeiter gehen in diesem Fall von einem Vorteil für sich in ihrem neuen Unternehmen aus. Das betriebliche Know-How kann daher in aller Regel nicht vollständig geheim gehalten werden. Der bisherige Arbeitgeber wird es seinem scheidenden Arbeitnehmer nicht verbieten können, seine Fertigkeiten und Kenntnisse bei seinem neuen Arbeitgeber anzuwenden.

Am 26. April 2019 wurde das Gesetz zum Schutz von Geschäftsgeheimnissen in Kraft gesetzt. Es regelt die Möglichkeiten, betriebliches Know-How als Geschäftsgeheimnis zu schützen. Bislang kann die Bedeutung des Gesetzes in der Praxis als überschaubar bezeichnet werden. Es ist fraglich, ob sich dies ändern wird, da ein Schutz durch das Gesetz mit einem erheblichen administrativen Aufwand zur Wahrung der Geheimhaltung und Dokumentation der Maßnahmen einhergeht. Insbesondere für kleine und mittlere Unternehmen erscheint aktuell das Geschäftsgeheimnisschutzgesetz keine ernsthafte Alternative zur Anmeldung eines Patents oder eines Gebrauchsmusters zu bieten.

1.2.2   „Erfindungen liegen in der Luft"

Wettbewerber arbeiten nicht selten an ähnlichen Problemstellungen. Es ist oft ein Wettrennen der Konkurrenten um die schnellste Entwicklung einer geeigneten technischen Lösung. Nur der erste Anmelder erhält das Patent und kann den anderen verbieten, die patentierte Erfindung zu benutzen. Das Patentrecht kennt keinen zweiten Sieger. Es stellt

---

[3] Siehe Abschn. 3.8 Gesetz zum Schutz von Geschäftsgeheimnissen (GeschGehG).

in diesem Fall eine gefährliche Strategie dar, zu hoffen, dass die Konkurrenten keine geeignete Erfindung entwickeln.

Steht ein Unternehmen in einer scharfen Konkurrenzsituation, sollte es daher seine Erfindungen zeitnah zum Patent anmelden, um seinen Konkurrenten zuvorzukommen.

1.2.3 Vorbenutzungsrecht muss dokumentiert sein

Ein Erfinder erwirbt ein Vorbenutzungsrecht, falls er die Erfindung vor der Anmeldung zum Patent durch einen Dritten bereits in Benutzung hatte.[4] Allerdings muss die Erfindung tatsächlich bereits in Benutzung gewesen sein oder es müssen zumindest die erforderlichen Vorbereitungen zur Benutzung stattgefunden haben. Diese müssen nötigenfalls vor einem Verletzungsgericht nachgewiesen können.

Der Nachweis der Vorbenutzung stellt regelmäßig ein großes Problem dar. Aus diesem Grund sollte das Vorbenutzungsrecht als letzter Rettungsanker verstanden werden und keinesfalls sollte man sich auf sein angebliches Vorbenutzungsrecht verlassen.

1.3 Leitlinie einer Patentstrategie

Bei der Erarbeitung einer geeigneten Patentstrategie kann man sich an einigen Grundsätzen orientieren, wobei je nach Besonderheit des Einzelfalls von diesen Grundsätzen mehr oder weniger abgewichen wird.

1.3.1 Wirtschaftlich wichtige Erfindungen schützen

Ein Patent ist ein wirtschaftliches Monopolrecht. Mit dem Verbietungsrecht des Patents können Wettbewerber von der Nachahmung patentgeschützter Produkte und Verfahren abgehalten werden. Es ist daher nicht sinnvoll, Produkte rechtlich zu schützen, die beispielsweise nur einmal hergestellt werden und daher wirtschaftlich keine Bedeutung spielen. Die Anwendung des Patentrechts macht für den Anmelder nur Sinn, falls seine patentgeschützte Erfindung einen hohen Umsatz generiert.

Das Problem ist, dass eine Erfindung nur patentwürdig ist, falls sie neu ist. Das bedeutet, dass der Anmelder nicht abwarten kann, ob eine Erfindung erfolgreich wird und entsprechende Umsätze generiert. Bereits ein einziger Verkauf eines Produkts, das die Erfindung realisiert, verletzt die nach dem Patentgesetz erforderliche Neuheit.

Es können Fälle vorliegen, bei denen klar ist, dass die Erfindung, auch wenn ein entsprechendes Produkt noch nie verkauft wurde oder sogar noch nie von einem Kunden

---

[4] § 12 Absatz 1 Satz 1 Patentgesetz.

begutachtet wurde, wirtschaftlich wertvoll ist. Beispielsweise wird eine neue Technologie, die in einem Nachfolgemodell des aktuellen Golfmodells der Volkswagen AG
verwendet wird, sicherlich wirtschaftlich wertvoll sein. Bei Nachfolgeprodukten, deren
Vorläufer bereits einen hohen Kundenzuspruch erfahren haben, wird man daher von
hoher wirtschaftlicher Bedeutung ausgehen.

Die Situation ist anders bei neuartigen Produkten, für die erst noch ein Markt
geschaffen werden muss. Diese Problematik tritt verschärft bei Startups auf, deren
Schicksal vom Erfolg einer neuartigen Technologie abhängen kann. In diesen Fällen ist
es sinnvoll, eine die Kosten hinauszögernde Patentstrategie zu verfolgen. Hierzu wird
zunächst eine erste deutsche Anmeldung ausgearbeitet und beim deutschen Patentamt
eingereicht. Innerhalb des Prioritätsjahrs kann dann abgewartet werden, ob sich das
Produkt wie erwartet wirtschaftlich entwickelt. Vor Ablauf des Prioritätsjahrs findet eine
Bewertung der wirtschaftlichen Aussichten der Erfindung statt. Nötigenfalls wird die
Beobachtungsphase mit einer internationalen Anmeldung verlängert.

1.3.2 Heimatmarkt und wichtige Auslandsmärkte schützen

Typischerweise ist für ein Unternehmen der Heimatmarkt der wichtigste Absatzmarkt.
Deutsche Unternehmen haben den Vorteil, dass Deutschland zudem der wichtigste Markt
in Europa ist. Es ist daher in aller Regel für ein deutsches Unternehmen vorrangig, in
Deutschland Schutzrechte zu erlangen.

Nach dem Heimatmarkt sind wichtige Auslandsmärkte auf Sinnhaftigkeit von Schutzrechten zu prüfen. Hierbei sollte berücksichtigt werden, dass die kostengünstigsten
gewerblichen Schutzrechte für ein deutsches Unternehmen in Deutschland erworben
werden können. Ausländische Schutzrechte werden in aller Regel ein Mehrfaches der
Kosten eines deutschen Schutzrechts hervorrufen.

Es kann eventuell sinnvoll sein, ein gewerbliches Schutzrecht in dem Land zu
erwerben, in dem die Konkurrenz ihre Produktionsstätten unterhält. In diesem Fall kann
mit einem einzigen Patent ein weltweiter Schutz vor Imitation des patentgeschützten
Produkts gegen den betreffenden Wettbewerber erlangt werden.

1.3.3 Innerhalb des Prioritätsjahrs Weiterentwicklungen schützen

Es ist nicht ungewöhnlich, dass sich durch die Beschäftigung mit der eigenen Erfindung
neue Erkenntnisse ergeben, die zu vorteilhaften Ausführungsformen der Erfindung
führen. Sind diese Ausführungsformen wirtschaftlich wertvoll, sollte an eine Nachanmeldung unter Inanspruchnahme der Priorität der ersten Anmeldung gedacht werden.
Hierdurch kann vermieden werden, dass ein Wettbewerber diese besonderen Ausführungsformen schützt und dadurch ein Verbietungsrecht erwirbt.

Eine Nachanmeldung, also eine spätere Anmeldung, die denselben Zeitrang einer früheren Anmeldung in Anspruch nimmt, kann nur innerhalb des Prioritätsjahrs erworben werden.[5]

1.4   Offensive und defensive Patentstrategien

In der Literatur werden offensive und defensive Patentstrategien unterschieden.[6] Im Wesentlichen sind mit defensiven Patentstrategien solche gemeint, die die eigene geschäftliche Tätigkeit absichern. Offensive Patentstrategien richten sich aktiv gegen die Konkurrenten, wobei das Hauptziel ist, die geschäftliche Tätigkeit der Wettbewerber einzudämmen.

Die Unterscheidung in offensive und defensive Patentstrategien ist nicht immer eindeutig. Ein Patent, das selbst genutzt wird, kann zunächst als Element einer defensiven Patentstrategie angesehen werden. Wird der Unterlassungsanspruch aus dem Patent gegen einen Wettbewerber geltend gemacht, kann gleichzeitig eine offensive Patentstrategie realisiert werden. Allenfalls in besonderen Ausnahmefällen kann eine klare Trennlinie zwischen einer offensiven und einer defensiven Patentstrategie gezogen werden. Dies gilt beispielsweise für ein Sperrpatent, das eindeutig einer offensiven Patentstrategie dient, da ein Sperrpatent allein zur Behinderung des Wettbewerbs vorgesehen ist. Eine Benutzung ist bei einem Sperrpatent nicht geplant.

Die Patentanmeldestrategien können tendenziell als defensive Patentstrategien bewertet werden. Eine Ausnahme stellen Patentanmeldestrategien dar, die zu Schutzrechten in den Ländern führen, in denen die Produktionsstätten der Wettbewerber sind. Patentstrategien zur Abwehr störender Patente können ebenfalls den offensiven Patentstrategien zugeordnet werden und Patentstrategien zur Abwehr von Patentstrategien zur Abwehr störender Patente sind eher defensiver Natur. Der Tab. 1.1 kann die Einordnung der einzelnen Patentstrategien zu defensiven und offensiven Patentstrategien entnommen werden.

Eine Patentstrategie zur Abwehr von Maßnahmen zur Abwehr eines störenden Patents ist eine Patentstrategie, die dem Schutz des eigenen Patents dient, da das eigene Patent von einem Wettbewerber als störend wahrgenommen wird.

---

[5] Artikel 4 A Absatz 1 PVÜ.

[6] Gassmann, Oliver, Bader, Martin A., Patentmanagement. Innovationen erfolgreich nutzen und schützen, 2. Auflage, S. 34.

Tab. 1.1 Offensive versus defensive Patentstrategien

Patentstrategien	Offensive Patentstrategie	Defensive Patentstrategie
Patentanmeldestrategie zur Absicherung des Heimatmarkts		x
Patentanmeldestrategie zur Absicherung ausländischer Märkte		x
Patentanmeldestrategie zum Erhalt eines Schutzrechts in einem Land, in dem Produktionskapazitäten des Wettbewerbers sind	x	
Patentstrategie zur Abwehr eines störenden Patents	x	
Patentstrategie zur Abwehr von Maßnahmen zur Abwehr eines störenden Patents		x

1.5   Patentbewertung

Einer wertvollen Erfindung wird man eine andere Patentanmeldestrategie angedeihen lassen als einem wertlosen Schutzrecht. Außerdem wird ein wertvolles Patent eher mit Maßnahmen der Konkurrenten zur Behinderung kämpfen müssen als ein wertloses Patent, das für einen Wettbewerber keines Aufwands wert ist. Entsprechend ist eine Patentbewertung bzw. Bewertung einer Erfindung durchzuführen, um die geeignete Patentanmeldestrategie nach dem Wert des Schutzrechts auszurichten.

Andererseits werden Maßnahmen zur Abwehr fremder Schutzrechte nur dann ergriffen, falls die betreffenden fremden Schutzrechte die eigene Geschäftätigkeit behindern. Auch vor der Anwendung offensiver Patentstrategien ist daher eine Patentbewertung, dann eben fremder Schutzrechte, erforderlich.

Ein Patent ist ein Verbietungsrecht. Sein ökonomischer Wert ist darin zu sehen, dass durch das Patent jedem Dritten verboten werden kann, die patentgeschützte Erfindung zu verwenden. Der Wert des gewerblichen Schutzrechts ergibt sich aus der Summe der Beträge der Dritten, die diese für die Nichtanwendung des Patents bereit sind zu zahlen. Von dieser Summe sind die Kosten des Patents abzuziehen. Ein Schutzrecht, dessen rechtlich geschützte Erfindung nicht selbst benutzt wird, und für das kein Lizenznehmer gefunden werden kann, hat daher den Wert Null.

In aller Regel gibt es keine objektiven Indizien zur Bewertung eines Patents oder Gebrauchsmusters. Es müssen daher eigene Kriterien gefunden werden, die eine schätzungsweise Bewertung erlauben. Diesen Kriterien haftet naturgemäß ein subjektiver Charakter an. Bei der Anwendung dieser Kriterien sollte berücksichtigt werden, dass es psychologische Einflüsse gibt, die dazu führen können, dass die eigenen Patente höher eingeschätzt werden, als dies angemessen ist.[7] Diese psychologischen Effekte wurden in der Verhaltensökonomie als Besitztums-Effekt[8], als Loss-Aversion-Effekt[9], als Status-Quo-Bias[10] bzw. als Not-Invented-here-Syndrom[11] identifiziert.

Der Besitztumseffekt (Englisch: Endowment Effect) bewirkt, dass ein Objekt von seinem Eigentümer wertvoller eingeschätzt wird als von einem Dritten. Die Folge ist, dass der Eigentümer für den Verkauf des Objekts einen höheren Preis verlangt, wie der Dritte bereit ist zu bezahlen. Offensichtlich haben die Eigentumsverhältnisse einen Einfluss auf die subjektive Bewertung eines Objekts. Das Objekt kann ein Patent oder ein Gebrauchsmuster sein.

Der Loss Aversion Effekt beschreibt die Tendenz der Menschen eher einen Verlust zu vermeiden, als einen Gewinn anzustreben. Für die Menschen wiegt daher ein Verlust mehr als ein Gewinn, auch wenn es sich um jeweils denselben Betrag handelt. Eine Konsequenz daraus ist, dass sich Menschen grundsätzlich irrational verhalten, wenn es um die Erfolgsaussichten geht. Sie werden eher Verluste minimieren als Erfolge anstreben. Daraus folgt, dass tendenziell angestrebt wird, die bestehenden Schutzrechte zu halten, da eine Aufgabe der Schutzrechte als Verlust empfunden wird, statt mit freiwerdenden Ressourcen neue Patente anzustreben, um aussichtsreiche technologische Gebiete abzudecken.

Das Not-invented-here-Syndrom führt zu einer grundsätzlichen Ablehnung fremder Ideen. Know-How von außerhalb wird abgelehnt oder zumindest ignoriert. Es gilt nur das eigene Know-How als wertvoll. Daraus ergibt sich eine Überhöhung des eigenen Patent-Portfolios und eine Geringschätzung fremder Patente und Gebrauchsmuster. Eine verzerrte Wahrnehmung der Realität, bei der die eigenen Schutzrechte eine zu hohe Patentbewertung erfahren, ist die logische Konsequenz.

Außerdem gibt es einen psychologischen Status-Quo-Bias, der zu einem Beharrungsvermögen führt und dadurch eventuell eine Übergewichtung der defensiven Patentstrategien im Vergleich zu den offensiven Patentstrategien zur Folge hat.[12]

---

[7] Meitinger, Thomas Heinz, Vorsicht vor psychologischen Effekten bei der Patentbewertung, Mitteilungen der deutschen Patentanwälte, 113, 3, 2022, S. 115–116

[8] Kahneman, Daniel, Knetsch, Jack L., Thaler, Richard H., Experimental Tests of the Endowment Effect and the Coase Theorem, Journal of Political Economy, 98, 6, 1990, S. 1325–1348.

[9] Kahneman, Daniel, Knetsch, Jack L., Thaler, Richard H., Anomalies: The Endowment Effect, Loss Aversion, and Status Quo Bias, *Journal of Economic Perspectiv*, 5, 1, 1991, S. 193–206.

[10] Kahneman, Daniel, Knetsch, Jack L., Thaler, Richard H., Anomalies: The Endowment Effect, Loss Aversion, and Status Quo Bias, Journal of Economic Perspectives, 5, 1, 1991, S. 193–206.

[11] Hussinger, Katrin, Wastyn, Annelies, In Search for the Not-Invented-Here Syndrome: The Role of Knowledge Sources and Firm Success, *R&D Management,* 2015.

[12] Kahneman, Daniel, Knetsch, Jack L., Thaler, Richard H., Anomalies: The Endowment Effect, Loss Aversion, and Status Quo Bias, Journal of Economic Perspectives, 5, 1, 1991, S. 193–206.

Schutzrechtsarten

2

Inhaltsverzeichnis

2.1 Patent 12
    2.1.1 Neuheit.. 13
    2.1.2 Erfinderische Tätigkeit... 13
    2.1.3 Aufgabe-Lösungs-Ansatz 14
    2.1.4 Rechte eines Patentinhabers.. 15
2.2 Patentanmeldung 16
2.3 Gebrauchsmuster 16
    2.3.1 Voraussetzung 16
    2.3.2 Kleiner Bruder des Patents?.. 17
    2.3.3 Paralleles Schutzrecht 18
    2.3.4 Neuheitsschonfrist 18
    2.3.5 Ungeprüftes Schutzrecht 18
2.4 Schriftartencodes der WIPO 18
2.5 Schriftartencodes des deutschen Patentamts 19
2.6 Aktenzeichenformat des deutschen Patentamts............................. 19

Es gibt prinzipiell zwei technische Schutzrechtsarten, nämlich Patente und Gebrauchsmuster. Wird eine technische Erfindung zum Patent angemeldet, liegt bis zur Erteilung eine Patentanmeldung vor. Diese Prüfungsphase dauert beim deutschen oder europäischen Patentamt ca. drei bis fünf Jahre. Eine Patentanmeldung weist im Vergleich zu einem Patent erheblich andere Eigenschaften auf. Es ist daher gerechtfertigt, eine Patentanmeldung gesondert zu betrachten, da der Status „Patentanmeldung" eine geraume Zeit andauert.

    Es können daher nach ihrer Wirkung bzw. ihrem Status drei Schutzrechtsvarianten unterschieden werden, die technische Erfindungen beschreiben. Es handelt sich dabei um das Patent, die Patentanmeldung, die nach dem Erteilungsverfahren zum Patent werden kann, und das Gebrauchsmuster.

© Der/die Autor(en), exklusiv lizenziert durch Springer-Verlag GmbH, DE, ein Teil von
Springer Nature 2022
T. H. Meitinger, *Patentstrategien*, https://doi.org/10.1007/978-3-662-65089-9_2

Tab. 2.1 Vergleich von Patent, Patentanmeldung und Gebrauchsmuster

	Patent	Patentanmeldung	Gebrauchsmuster
Verbietungsrecht	Ja	Nein	Ja
Laufzeit	20 Jahre	20 Jahre	10 Jahre
Schutz für Verfahren	Ja	Ja	Nein
Entgegengehaltener Stand der Technik	Alle Veröffentlichungen vor dem Anmelde- bzw. Prioritätstag	Alle Veröffentlichungen vor dem Anmelde- bzw. Prioritätstag	Alle Veröffentlichungen vor dem Anmelde- bzw. Prioritätstag, außer mündliche Beschreibungen und offenkundige Vorbenutzungen im Ausland
Allgemeine Neuheitsschonfrist	Nein	Nein	Ja

Bevor ein Gebrauchsmuster in das Register des deutschen Patentamts eingetragen wird, handelt es sich um eine Gebrauchsmusteranmeldung. Nach der Eintragung ist ein Gebrauchsmuster ein vollwertiges Schutzrecht. Eine Unterscheidung zwischen einem angemeldeten Gebrauchsmuster und einem eingetragenen Gebrauchsmuster ist wenig sinnvoll, da die Zeitspanne zwischen der Anmeldung und der Eintragung nur wenige Monate beträgt und sich das angemeldete und das eingetragene Gebrauchsmuster nur in formalen Aspekten unterscheiden, da vor der Eintragung in das Gebrauchsmusterregister nur eine formale Prüfung durch das Patentamt erfolgt.

Im Gegensatz dazu dauert die amtliche Prüfungsphase einer Patentanmeldung in aller Regel mehrere Jahre und die erteilten Patentansprüche unterscheiden sich typischerweise erheblich von den Ansprüchen, die in der dazugehörigen Patentanmeldung zu finden sind. Aus diesem Grund ist es sinnvoll bei einer Patentanmeldung und einem Patent von zwei unterschiedlichen Schutzrechtsvarianten zu sprechen.

In der Tab. 2.1 werden die wesentlichen Unterschiede eines Patents, einer Patentanmeldung und eines Gebrauchsmusters gezeigt..

2.1   Patent

Ein Patent ist ein Verbietungsrecht.[1] Das bedeutet, dass der Patentinhaber jedem Dritten jede Art der gewerblichen Benutzung der durch das Patent beanspruchten Erfindung verbieten kann. Der Patentinhaber kann insbesondere untersagen, ein patentiertes Erzeugnis

---

[1] § 9 Satz 2 Patentgesetz.

herzustellen, anzubieten, in Verkehr zu bringen oder zu benutzen. Der Import und der Besitz können dem Unberechtigten vom Patentinhaber ebenfalls verboten werden.

Ein deutsches Patent kann sich aus einer deutschen Patentanmeldung oder aus einem europäischen Anmeldeverfahren ergeben. Nach der Erteilung eines europäischen Patents zerfällt dieses in nationale Anteile. Der Anmelder muss zuvor die Mitgliedsstaaten der Europäischen Patentübereinkunft (EPÜ) benennen, für die er ein Patent erhalten möchte. Nach der Beendigung des europäischen Erteilungsverfahrens sind die jeweiligen nationalen Patentämter für das europäische, nationale Patent zuständig.

Ein erteiltes Patent ist ein sachlich geprüftes Schutzrecht. Der Patentinhaber kann sich daher, im Gegensatz zu einem Inhaber eines Gebrauchsmusters, darauf verlassen, dass die erteilten Ansprüche rechtsbeständig und durchsetzbar sind. Insbesondere ist das Erwirken einer einstweiligen Verfügung mit einem Patent zumindest möglich, was bei einem Gebrauchsmuster ohne Anhören der Gegenseite kaum erzielt wird.

2.1.1 Neuheit

In einem amtlichen Prüfungsverfahren entscheidet ein Prüfer eines Patentamts, ob eine Erfindung zum Patent erteilt wird. Es findet, im Gegensatz zum Eintragungsverfahren eines Gebrauchsmusters, eine inhaltliche Prüfung statt. Hierbei wird geprüft, ob die betreffende Erfindung neu ist und auf einer erfinderischen Tätigkeit basiert.

Eine Erfindung ist neu, wenn sie bislang nicht der Öffentlichkeit zugänglich war. Der Öffentlichkeit ist alles zugänglich, was durch schriftliche oder mündliche Beschreibung bekannt wurde. Eine öffentliche Benutzung ist ebenfalls neuheitsschädlich.[2] Wird einem Dritten die Erfindung unter einer ausdrücklichen oder stillschweigenden Geheimhaltungsvereinbarung mitgeteilt, gilt die Erfindung nicht als veröffentlicht, solange die Geheimhaltungsvereinbarung eingehalten wird. Wird die Erfindung beispielsweise einem Lieferanten erläutert, damit dieser die geeigneten Bauteile herstellen kann, geht man von einer stillschweigenden (konkludenten) Verschwiegenheitsvereinbarung aus, da einem Geschäftspartner klar sein muss, dass neue Projekte geheim zu halten sind.

2.1.2 Erfinderische Tätigkeit

Eine Erfindung basiert auf einer erfinderischen Tätigkeit, falls die Erfindung für einen Fachmann nicht naheliegend ist.[3] Ergibt die Kombination von zwei oder drei Dokumenten die Erfindung und würde der Fachmann diese Dokumente auch

---

[2] § 3 Absatz 1 Patentgesetz.
[3] § 4 Satz 1 Patentgesetz.

kombinieren, ist von einer mangelnden erfinderischen Tätigkeit der Erfindung auszugehen. Ein Fachmann würde beispielsweise Dokumente nicht kombinieren, in denen beschrieben ist, dass die technischen Lehren der Dokumente nicht vereinbar sind.

Im Laufe eines amtlichen Erteilungsverfahren kann es erforderlich sein, dass der Hauptanspruch zum recherchierten Stand der Technik durch Aufnahme weiterer Merkmale abgegrenzt wird. Es ist darauf zu achten, dass diese zusätzlichen Merkmale wortwörtlich den Unteransprüchen oder der Beschreibung entnommen werden und dass die Kombination des bisherigen Hauptanspruchs mit diesen Merkmalen nicht der technischen Lehre der ursprünglich eingereichten Anmeldeunterlagen widerspricht. Andernfalls kann eine unzulässige Erweiterung vorliegen, die die Rechtsbeständigkeit des Schutzrechts infrage stellt. Dasselbe gilt für jede Änderung der Anmeldeunterlagen.

2.1.3 Aufgabe-Lösungs-Ansatz

Der Aufgabe-Lösungs-Ansatz (problem-solution-approach) wurde vom Europäischen Patentamt entwickelt, um eine objektive Bewertung der erfinderischen Tätigkeit zu ermöglichen.[4] Insbesondere kann damit der Gefahr einer irreführenden Ex-Post-Betrachtung begegnet werden.

Es ist eine Alltagserfahrung, dass eine Erfindung im Nachhinein simpel erscheinen kann. Dennoch kann die Erfindung zum Anmeldetag nicht naheliegend gewesen sein. Dieser verfälschenden Ex-Post-Perspektive wirkt der Aufgabe-Lösungs-Ansatz entgegen.

Der Aufgabe-Lösungs-Ansatz umfasst drei Schritte: zunächst wird das Dokument des Stands der Technik ermittelt, das der Erfindung am nächsten kommt (nächstliegender Stand der Technik). Der Stand der Technik umfasst sämtliche Veröffentlichungen und offenkundigen Vorbenutzungen, die vor dem Anmelde- bzw. dem Prioritätstag der Anmeldung der Erfindung erfolgten. In einem zweiten Schritt wird festgestellt, welche Merkmale der Erfindung im nächstliegenden Stand der Technik nicht enthalten sind. Der Fachmann stand daher vor der Aufgabe, auf Basis des nächstliegenden Stands der Technik, diese Merkmale der Erfindung zu entwickeln, die nicht im nächstliegenden Stand der Technik enthalten waren. Hierzu musste er die objektive technische Aufgabe lösen, eine Vorrichtung oder ein Verfahren zu finden, das denselben Effekt erzeugt wie die im nächstliegenden Stand der Technik fehlenden Merkmale. Der zweite Schritt ist daher die Bestimmung der objektiven, technischen Aufgabe, der der Erfinder gegenüber stand. Im letzten Schritt ist festzustellen, ob ein oder zwei weitere Dokumente des Stands der Technik dem Fachmann eine Anleitung geben, diese Aufgabe zu erfüllen und dadurch zur Erfindung zu gelangen.

---

[4] EPA, https://www.epo.org/law-practice/legal-texts/html/guidelines/d/g_vii_5.htm, abgerufen am 31.12.2021.

Außerdem ist eine Bewertung vorzunehmen, ob die ein oder zwei weiterer Dokumente des Stands der Technik vom Fachmann zur Lösung der objektiven technischen Aufgabe tatsächlich herangezogen worden wären. Hierbei ist der Could-would-Ansatz zu berücksichtigen.[5]

Der Could-would-Ansatz besagt, dass ein Fachmann ein Dokument des Stands der Technik bewertet, bevor dessen technische Lehre angewandt wird. Wird beispielsweise in einem ersten Dokument auf die Unvereinbarkeit mit der technischen Lehre eines zweiten Dokuments hingewiesen, wird der Fachmann die technische Lehre des zweiten Dokuments nicht auf Brauchbarkeit prüfen, da er diese beiden Dokumente nicht kombinieren würde. Es gilt daher, dass es nicht genügt, dass die technischen Lehren zweier Dokumente kombinierbar sind (could), es ist zudem erforderlich, dass der Fachmann diese beiden Dokumente auch tatsächlich gemeinsam verwenden würde (would).

2.1.4 Rechte eines Patentinhabers

Ein Patent gewährt seinem Inhaber einen Unterlassungsanspruch, falls Wiederholungsgefahr zu befürchten ist. Außerdem besteht ein Unterlassungsanspruch, falls eine Rechtsverletzung erstmalig droht.[6] Erfolgte eine rechtsverletzende Handlung vorsätzlich oder fahrlässig, steht dem Patentinhaber zusätzlich ein Anspruch auf Schadensersatz zu.[7]

Dem Patentinhaber steht ein Anspruch auf Vernichtung von patentverletzenden Erzeugnissen zu.[8] Der Vernichtungsanspruch ist jedoch nur anwendbar, falls Verhältnismäßigkeit gegeben ist. Hierbei sind auch die Interessen der weiteren Beteiligten zu berücksichtigen.[9] Außerdem besteht ein Anspruch auf Rückruf und endgültiges Entfernen patentverletzender Produkte aus dem Vertriebsweg.[10] Der Patentinhaber kann von dem Patentverletzer zusätzlich Auskunft über die Herkunft und den Vertriebsweg patentverletzender Produkte verlangen.[11]

---

[5] EPA, https://www.epo.org/law-practice/legal-texts/html/guidelines/d/g_vii_5_3.htm, abgerufen am 31.12.2021.

[6] § 139 Absatz 1 Sätze 1 und 2 Patentgesetz.

[7] § 139 Absatz 2 Satz 1 Patentgesetz.

[8] § 140a Absatz 1 Satz 1 Patentgesetz.

[9] § 140a Absatz 4 Patentgesetz.

[10] § 140a Absatz 3 Satz 1 Patentgesetz.

[11] § 140b Absatz 1 Patentgesetz.

2.2   Patentanmeldung

Eine Patentanmeldung ergibt sich durch das Einreichen einer Beschreibung einer
Erfindung beim Patentamt. Hierdurch wird sichergestellt, dass kein Dritter auf die
Erfindung ein Verbietungsrecht erwirbt. Allerdings ergibt sich durch eine Patentanmeldung keine Möglichkeit, einem Dritten die Benutzung der beschriebenen Erfindung
zu verbieten. Ein Schadensersatz kommt ebenfalls nicht in Betracht. Allenfalls eine
angemessene Entschädigung kann von dem unberechtigten Benutzer des Gegenstands
der Anmeldung verlangt werden. Der Anspruch auf Entschädigung entsteht ab der Veröffentlichung des Hinweises auf die Eintragung im Register.[12]

Die fehlende Möglichkeit einer Patentanmeldung, einem unberechtigten Dritten
die Verwendung des Gegenstands der Patentanmeldung zu untersagen, kann mit einer
Gebrauchsmusterabzweigung behoben werden. Stellt der Inhaber einer Patentanmeldung
fest, dass seine Erfindung widerrechtlich benutzt wird, kann er von seiner Patentanmeldung ein Gebrauchsmuster abzweigen. Mit einem eingetragenen Gebrauchsmuster
kann er dann sämtliche Rechte eines Patentinhabers geltend machen.

2.3   Gebrauchsmuster

In Deutschland gibt es die Möglichkeit, sich beim Patentamt ein Gebrauchsmuster ein-
tragen zu lassen. Ein Gebrauchsmuster kann nicht in jedem Land der Erde erworben
werden. Außer in Deutschland kann beispielsweise auch in Frankreich, in Italien und in
Japan ein Gebrauchsmuster angestrebt werden.

Die rechtlichen Vorteile eines deutschen Gebrauchsmusters gegenüber einer Patentanmeldung sind eine allgemeine Neuheitsschonfrist und der eingeschränkte Stand der
Technik, der bei der Bewertung der Rechtsbeständigkeit heranzuziehen ist.

2.3.1   Voraussetzung

Eine Erfindung muss neu sein, damit sie zu einem rechtsbeständigen Gebrauchsmuster
führt. Eine Erfindung ist neu, falls sie nicht zum Stand der Technik gehört. Der Stand der
Technik umfasst sämtliches technisches Wissen, das vor dem Anmelde- oder Prioritätstag der Öffentlichkeit bekannt gemacht wurde.

Bei einem Gebrauchsmuster gibt es die Besonderheit, dass mündliche
Beschreibungen und offenkundige Vorbenutzungen im Ausland nicht zur Bewertung
der Neuheit oder des erfinderischen Schritts eines Gebrauchsmusters heranzuziehen

---

[12] § 33 Absatz 1 i. V. m. § 32 Absatz 5 Patentgesetz.

sind. Eine Erfindung ist nicht patentfähig, falls die Erfindung beispielsweise einem Mitreisenden in einem Zug vom Erfinder mitgeteilt wurde oder falls der Erfinder die Erfindung außerhalb Deutschlands präsentiert hat. In diesen Fällen kann dennoch ein rechtlicher Schutz durch ein Gebrauchsmuster erlangt werden.

Eine weitere Voraussetzung ist der erfinderische Schritt, der von einer Erfindung erfüllt werden muss.[13] Ein erfinderischer Schritt liegt vor, falls die Erfindung für den Fachmann nicht naheliegend ist.

2.3.2 Kleiner Bruder des Patents?

Ein Gebrauchsmuster wird oft als „der kleine Bruder" des Patents bezeichnet. Hierdurch soll ausgedrückt werden, dass ein Gebrauchsmuster eher für „kleine" Erfindungen geeignet ist. Tatsächlich war es die Absicht des Gesetzgebers, mit dem Gebrauchsmuster ein Schutzrecht zur Verfügung zu stellen, das eine geringere Anforderung an die erfinderische Qualität der zugrunde liegenden Erfindung stellt, als dies bei einem Patent erforderlich ist. Das kann bereits an der Wortwahl im Gebrauchsmustergesetz abgelesen werden, bei der die betreffende Erfindung einen erfinderischen Schritt[14] statt einer erfinderischen Tätigkeit[15], wie im Patentrecht, erfüllen muss. Das Kriterium der erfinderischen Tätigkeit des Patentgesetzes ist erfüllt, falls die Erfindung für den Fachmann nicht naheliegend ist.[16] Nach alter Rechtsprechung wurde daher auch für naheliegende Erfindungen ein Gebrauchsmuster zuerkannt.[17] Mit der Entscheidung „Demonstrationsschrank" beendete der Bundesgerichtshof diese Unterscheidung zwischen dem erfinderischen Schritt des Gebrauchsmusters und der erfinderischen Tätigkeit des Patents.[18] Ein Gebrauchsmuster ist demnach nur rechtsbeständig, falls es für den Fachmann nicht naheliegend ist. Die Voraussetzungen an die erfinderische Qualität an ein Patent und an ein Gebrauchsmuster sind daher gleich hoch.

---

[13] § 1 Absatz 1 Gebrauchsmustergesetz.

[14] § 1 Absatz 1 Gebrauchsmustergesetz.

[15] § 4 Satz 1 Patentgesetz.

[16] § 4 Satz 1 Patentgesetz.

[17] Bruchhausen in Benkard, PatG GebrMG, 9. Aufl. 1993, § 1 GebrMG Rdn. 25; Goebel in Benkard, PatG GebrMG 10. Aufl. 2006, § 1 GebrMG Rdn. 12 ff.; Bühring, GebrMG, 6. Aufl. 2003, § 3 Rdn. 74 f.; Mes, PatG GebrMG, 2. Aufl. 2005, § 1 GebrMG Rdn. 9; U. Krieger, GRUR Int. 1996, 356.

[18] BGH, Urteil vom 20. Juni 2006 – X ZB 27/05 – Demonstrationsschrank.

2.3.3 Paralleles Schutzrecht

Es ist möglich, denselben Gegenstand parallel mit zwei Schutzrechten zu schützen und damit für eine Erfindung einen doppelten Schutz zu erlangen. Hierbei sind die Kombinationen Gebrauchsmuster und Patent bzw. Gebrauchsmuster und Patentanmeldung zulässig. Eine derartige Situation kann dadurch erreicht werden, dass das Gebrauchsmuster und die Patentanmeldung am gleichen Tag beim Patentamt eingereicht werden oder dass aus einer Patentanmeldung ein Gebrauchsmuster abgezweigt wird.

2.3.4 Neuheitsschonfrist

Ein besonderer Vorteil des Gebrauchsmusters ist die allgemeine Neuheitsschonfrist. Hierdurch sind Veröffentlichungen des Erfinders, die innerhalb von sechs Monaten vor dem Anmeldetag des Gebrauchsmusters erfolgten, nicht bei der Bewertung der Neuheit und der erfinderischen Tätigkeit zu berücksichtigen.[19]

2.3.5 Ungeprüftes Schutzrecht

Ein eingetragenes Gebrauchsmuster ist ein vollwertiges Schutzrecht, das durchsetzbar ist. Allerdings sollte berücksichtigt werden, dass es sich um ein ungeprüftes Schutzrecht handelt. Eine amtliche Prüfung auf Neuheit und erfinderischen Schritt findet nicht statt. Es kann allenfalls eine amtliche Recherche nach dem Stand der Technik beantragt werden.[20]

Bevor mit einem Gebrauchsmuster ein Unterlassungsanspruch oder sonstige Ansprüche geltend gemacht werden, sollte geprüft werden, ob das Gebrauchsmuster rechtsbeständig ist. Ansonsten besteht die Gefahr von Gegenforderungen, falls das Gebrauchsmuster nicht rechtsbeständig ist.

2.4 Schriftartencodes der WIPO

Die Weltorganisation für geistiges Eigentum WIPO hat zur eindeutigen Kennzeichnung von Patentdokumenten, beispielsweise Offenlegungsschriften, Patentschriften und Gebrauchsmustern, einen Standard ST.16 entwickelt.[21] Die international relevanten Schriftartencodes können der Tab. 2.2 entnommen werden. Die Schriftartencodes werden

---

[19] § 3 Absatz 1 Satz 3 Gebrauchsmustergesetz.

[20] § 7 Absatz 1 Gebrauchsmustergesetz.

[21] WIPO, https://www.wipo.int/export/sites/www/standards/en/pdf/03-16-01.pdf, abgerufen am 15.01.2022.

Tab. 2.2 Schriftartencodes ST.16 der WIPO

Schriftartencode	Veröffentlichung
A	erstes Publikationsniveau bei Patentverfahren, beispielsweise Offenlegungsschrift
B	zweites Publikationsniveau bei Patentverfahren, beispielsweise Veröffentlichung des erteilten Patents
C	drittes Publikationsniveau bei Patentverfahren, beispielsweise geänderte Patentschrift nach Einspruch, Nichtigkeitsverfahren oder Beschränkung durch den Inhaber
U	erstes Publikationsniveau bei Gebrauchsmusterverfahren, insbesondere Veröffentlichung des eingetragenen Gebrauchsmusters
T	Veröffentlichung einer Übersetzung eines Patentdokuments, das beispielsweise von einem anderen Patentamt bereits veröffentlicht wurde

an das Ende des amtlichen Aktenzeichens angefügt. Diese Schriftartencodes werden von den meisten Patentämtern benutzt.

2.5 Schriftartencodes des deutschen Patentamts

Das deutsche Patentamt benutzt angelehnt an den WIPO-Standard ST.16 insbesondere die Schriftartencodes, die in der Tab. 2.3 aufgeführt sind.[22] Die Schriftartencodes werden an das Ende des amtlichen Aktenzeichens des deutschen Patentamts angefügt.

2.6 Aktenzeichenformat des deutschen Patentamts

Die amtlichen Aktenzeichen des deutschen Patentamts beginnen stets mit dem Länderkürzel DE, darauf folgt eine 13-stellige Nummer, die das Format KZ JJJJ 123456.N aufweist. KZ steht für die Kennziffer der Schutzrechtsart, JJJJ steht für das Anmeldejahr und 123456 ist eine fortlaufende Nummer, die zu Beginn des Jahres mit 000 001 beginnt (siehe Tab. 2.4).[23] N ist eine Prüfziffer, die durch einen Punkt von den übrigen 12 Stellen des Aktenzeichens getrennt ist. Die Prüfziffer ergibt sich durch Berechnung nach Modulo 11.

Die Kennziffer KZ gibt die Schutzrechtsart an. In der Tab. 2.5 ist der Nummernkreis für die jeweilige Schutzrechtsart und die wichtigsten Verwendungsweisen angegeben.[24]

---

[22] DPMA, https://www.dpma.de/docs/dpma/veroeffentlichungen/1/02_dpmainformativ_schriftenartencodes.pdf, abgerufen am 16.01.2022.

[23] DPMA, https://www.dpma.de/docs/dpma/veroeffentlichungen/dpmainformativ_nr05.pdf, abgerufen am 22.1.2022.

[24] DPMA, https://www.dpma.de/docs/dpma/veroeffentlichungen/dpmainformativ_nr05.pdf, abgerufen am 22.1.2022.

Tab. 2.3 Schriftartencodes des deutschen Patentamts

Schriftartencode	Veröffentlichung
A1	Offenlegungsschrift, Veröffentlichung der Patentanmeldung, 18 Monate nach dem Anmelde- oder dem Prioritätstag
A5	Hinweis auf die Veröffentlichung der internationalen Anmeldung in deutscher Sprache (nur Titelseite)
B3	Patentschrift als erste Veröffentlichung ohne vorherige Offenlegungsschrift
B4	Patentschrift als zweite Veröffentlichung nach einer Offenlegungsschrift
C5	Veröffentlichung der geänderten Patentschrift nach Einspruchs-, Beschränkungs- oder Nichtigkeitsverfahren
T1	Veröffentlichung der Patentansprüche der europäischen Patentanmeldung in deutscher Übersetzung
T2	Übersetzung der europäischen Patentschrift
U1	Veröffentlichung des eingetragenen Gebrauchsmusters

Tab. 2.4 Aktenzeichenformat des deutschen Patentamts

Position im Aktenzeichen	Kürzel	Bedeutung
Position 1 und 2	KZ	Schutzrechtsart
Position 3 bis 6	JJJJ	Anmeldejahr
Position 7 bis 12	123456	fortlaufende Anmeldenummer
Position 13	.N	Prüfziffer (Berechnung nach Modulo 11)

Anhand von drei realen Beispielen wird der Aufbau der Aktenzeichen des deutschen Patentamts erläutert. Die Robert Bosch GmbH hat das Gebrauchsmuster mit dem Titel „Verdichter, insbesondere Luftverdichter für ein Brennstoffzellensystem" am 18.06.2021 beim deutschen Patentamt eingereicht. Dieses Gebrauchsmuster hat das amtliche Aktenzeichen DE 20 2021 103279.0.[25] In der Tab. 2.6 wird die Bedeutung der einzelnen Abschnitte des Aktenzeichens erläutert.

Die Robert Bosch GmbH hat eine PCT-Anmeldung mit Bestimmung für Deutschland mit dem Titel „Tischsäge mit einer Neigungsdrehachsenausrichtungsanordnung" am 05.08.2020 beim europäischen Patentamt eingereicht. Diese Anmeldung hat das amtliche Aktenzeichen DE 11 2020 001403.7.[26] In der Tab. 2.7 wird die Bedeutung der einzelnen Abschnitte des Aktenzeichens beschrieben.

---

[25] DPMA, https://depatisnet.dpma.de/DepatisNet/depatisnet?action=pdf&docid=DE2020211032 79U1, abgerufen am 16.01.2022.

[26] DPMA, https://depatisnet.dpma.de/DepatisNet/depatisnet?action=pdf&docid=DE1120200014 03T5, abgerufen am 16.01.2022.

Tab. 2.5   Kennziffern des deutschen Aktenzeichens

Nummernkreis	Kennziffer	Schutzrechtsart
10 bis 19		**Patent**
	10	Nationale deutsche Patentanmeldung
	11	PCT-Anmeldung mit Bestimmung DE
20 bis 29		**Gebrauchsmuster**
	20	Gebrauchsmusteranmeldung
	21	Gebrauchsmusteranmeldung aus einer PCT-Anmeldung
30 bis 39		**Marke**
	30	Markenanmeldung
40 bis 49		**Design**
	40	Designanmeldung
50 bis 59		
	50	Europäisches Patent mit Wirkung für Deutschland in deutscher Sprache
60 bis 69		
	60	europäisches Patent mit Wirkung für Deutschland in englischer oder französischer Sprache

Tab. 2.6   Beispiel 1 eines deutschen Aktenzeichens

Position im Aktenzeichen	Kürzel	Bedeutung
Vorangestelltes Länderkürzel	DE	Deutschland
Position 1 und 2	20	Gebrauchsmuster
Position 3 bis 6	2021	Anmeldejahr ist 2021
Position 7 bis 12	103279	Die Anmeldung ist die 103279-te Eingabe im Jahr 2021
Position 13	.0	Prüfziffer nach Berechnung nach Modulo 11 ist 0

Tab. 2.7   Beispiel 2 eines deutschen Aktenzeichens

Position im Aktenzeichen	Kürzel	Bedeutung
Vorangestelltes Länderkürzel	DE	Deutschland
Position 1 und 2	11	PCT-Anmeldung mit Bestimmung Deutschland
Position 3 bis 6	2020	Anmeldejahr ist 2020
Position 7 bis 12	001403	Die Anmeldung ist die 1403-te Eingabe im Jahr 2020
Position 13	.7	Prüfziffer nach Berechnung nach Modulo 11 ist 7

Tab. 2.8 Beispiel 3 eines deutschen Aktenzeichens

Position im Aktenzeichen	Kürzel	Bedeutung
Vorangestelltes Länderkürzel	DE	Deutschland
Position 1 und 2	10	Nationale, deutsche Patentanmeldung
Position 3 bis 6	2021	Anmeldejahr ist 2021
Position 7 bis 12	206928	Die Anmeldung ist die 206928-te Eingabe im Jahr 2021
Position 13	.2	Prüfziffer nach Berechnung nach Modulo 11 ist 2

Die Robert Bosch GmbH hat die deutsche Patentanmeldung mit dem Titel „Mems-Optikschalter mit einem Cantilever-Koppler" am 01.07.2021 beim deutschen Patentamt eingereicht. Diese Patentanmeldung hat das amtliche Aktenzeichen DE 10 2021 206928.2.[27] In der Tab. 2.8 wird die Bedeutung der einzelnen Abschnitte des Aktenzeichens dargestellt.

---

[27] DPMA, https://depatisnet.dpma.de/DepatisNet/depatisnet?action=pdf&docid=DE1020212069 28A1, abgerufen am 16.01.2022.

Grundlagen von Patentstrategien

3

Inhaltsverzeichnis

3.1 Patent versus Patentanmeldung 24
3.2 Patent versus Gebrauchsmuster 25
3.3 Grundlagen einer Patentanmeldestrategie 25
    3.3.1 Patentanmeldestrategie auf Basis einer Patentanmeldung oder eines Gebrauchsmusters 25
    3.3.2 Anmeldezeitpunkt 26
3.4 Grundlagen der Abwehr eines Patents 27
3.5 Recherche nach dem Stand der Technik 27
3.6 Akteneinsicht beim deutschen und beim europäischen Patentamt 29
3.7 Freedom-to-operate-Gutachten 31
3.8 Gesetz zum Schutz von Geschäftsgeheimnissen (GeschGehG) 32
    3.8.1 Voraussetzungen 32
    3.8.2 Ansprüche gegen Rechtsverletzer 32
    3.8.3 Eigenständige Schöpfung durch Dritte und Reverse Engineering 33
    3.8.4 Vergleich Patentrecht und Geschäftsgeheimnisgesetz 34
3.9 Geheimhaltungsvereinbarung 34
    3.9.1 Geheimhaltungserklärung wegen einer Präsentation 35
    3.9.2 Geheimhaltungsvereinbarung für eine Kooperation 35
3.10 Lizenzvereinbarung 36
3.11 Schutzrechtsverkauf 39

Es werden die grundlegenden Elemente einer Patentstrategie, nämlich die unterschiedlichen Schutzrechtsarten und die unterschiedlichen Aspekte, nach denen eine Patentstrategie aufgebaut werden kann, vorgestellt. Außerdem werden die Alternativen zum Erwerb von Schutzrechten diskutiert.

© Der/die Autor(en), exklusiv lizenziert durch Springer-Verlag GmbH, DE, ein Teil von Springer Nature 2022
T. H. Meitinger, *Patentstrategien,* https://doi.org/10.1007/978-3-662-65089-9_3

Tab. 3.1 Vergleich Patent und Patentanmeldung

	Patent	Patentanmeldung
Schutz gegen Imitation	Ja	Nein
Maximale Laufzeit	20 Jahre	20 Jahre
Rechte	Unterlassung, Schadensersatz, Gewinnherausgabe, Auskunft, Vernichtung	angemessene Entschädigung für die Benutzung des Gegenstands der Anmeldung ab dem Zeitpunkt der Veröffentlichung
Schutzumfang	bestimmt durch die unabhängigen Ansprüche	unklar, zwischen dem „Gegenstand der Anmeldung" und Null bei Zurückweisung der Anmeldung

3.1 Patent versus Patentanmeldung

Ein Patent stellt ein Verbietungsrecht dar.[1] Mit einem erteilten Patent kann der Patentinhaber jedem Dritten untersagen, die Erfindung herzustellen, anzubieten, in Verkehr zu bringen oder zu gebrauchen. Sogar der Besitz eines Produkts, das die Erfindung realisiert, kann dem unberechtigten Dritten durch den Patentinhaber verboten werden. Für den Import patentverletzender Produkte gilt dasselbe.

Dem Patentinhaber steht ein Unterlassungsanspruch zu. Er kann eine Benutzung für die Zukunft untersagen.[2] Außerdem kann er für vergangene Patentverletzungen Schadensersatz geltend machen. Eine Voraussetzung einer Schadensersatzpflicht des Patentverletzers ist Vorsatz oder Fahrlässigkeit.[3]

Mit einer Patentanmeldung kann keine Benutzung des Gegenstands der Anmeldung untersagt werden. Es kann allenfalls für die Benutzung eine angemessene Entschädigung geltend gemacht werden, die betragsmäßig geringer als ein Schadensersatz ist.[4] Der Entschädigungsanspruch gegen den Dritten, der den Gegenstand der Patentanmeldung unberechtigt benutzt, kann für den Zeitraum ab der Veröffentlichung der Patentanmeldung im Patentblatt des deutschen Patentamts geltend gemacht werden.[5]

Die Tab. 3.1 stellt die Eigenschaften eines Patents und einer Patentanmeldung gegenüber.

---

[1] § 9 Satz 2 Patentgesetz.

[2] § 139 Absatz 1 Satz 1 Patentgesetz.

[3] § 139 Absatz 2 Satz 1 Patentgesetz.

[4] § 33 Absatz 1 Patentgesetz.

[5] § 32 Absatz 5 Patentgesetz.

Tab. 3.2 Vergleich Patent und Gebrauchsmuster

	Patent	Gebrauchsmuster
Schutz gegen Imitation	Ja	Ja
Maximale Laufzeit	20 Jahre	10 Jahre
Rechte	Unterlassung, Schadensersatz, Gewinnherausgabe, Auskunft, Vernichtung	Unterlassung, Schadensersatz, Gewinnherausgabe, Auskunft, Vernichtung
Schutzumfang	bestimmt durch die unabhängigen Ansprüche	unklar, ein Gebrauchsmuster ist ein ungeprüftes Recht

3.2 Patent versus Gebrauchsmuster

Ein Gebrauchsmuster ist wie ein erteiltes Patent ein durchsetzbares Recht. Mit einem Gebrauchsmuster kann daher ein Unterlassungsanspruch geltend gemacht und Schadensersatz verlangt werden. Allerdings ist ein Gebrauchsmuster, im Gegensatz zu einem Patent, ein ungeprüftes Schutzrecht. Ein Patent hat ein amtliches Prüfungsverfahren durchlaufen, an dessen Ende die Erteilung des Patents steht. Vor der Eintragung eines Gebrauchsmusters in das Register des Patentamts erfolgt nur eine amtliche Prüfung auf formale Mängel.

Die Tab. 3.2 stellt die Eigenschaften eines Patents und eines Gebrauchsmusters gegenüber.

3.3 Grundlagen einer Patentanmeldestrategie

Es werden die wesentlichen Grundlagen einer zielführenden Patentanmeldestrategie vorgestellt.

3.3.1 Patentanmeldestrategie auf Basis einer Patentanmeldung oder eines Gebrauchsmusters

Baut man eine Patentfamilie auf einer Patentanmeldung bzw. einem Gebrauchsmuster auf, kann die komplette Patentfamilie in sich kollabieren, falls sich eine mangelnde Rechtsbeständigkeit des Gebrauchsmusters herausstellt bzw. falls die Patentanmeldung im Erteilungsverfahren zurückgewiesen wird. Andererseits wird man nur in seltenen Fällen innerhalb der Prioritätsfrist eine Patenterteilung erreichen. Es ist daher zumindest ratsam, bevor eine Patentfamilie mittels des Prioritätsrechts aufgebaut wird, einen ersten amtlichen Bescheid für die Anmeldung zu Rate zu ziehen oder bei einem Gebrauchsmuster zumindest eine amtliche Recherche nach dem relevanten Stand der Technik zu beantragen. Alternativ kann eine Bewertung der Rechtsbeständigkeit des Schutzrechts durch einen Patentanwalt in Auftrag gegeben werden.

3.3.2 Anmeldezeitpunkt

Grundsätzlich ist zu einem frühen Anmeldezeitpunkt zu raten. Andererseits ist zu bedenken, dass einer Anmeldung nach dem Einreichen beim Patentamt nichts hinzugefügt werden kann. Die wesentlichen Aspekte der Erfindung sollten daher vorliegen, bevor ein Patent beantragt wird. Ist eine Erfindung „gemacht" sollte sie jedoch zügig beim Patentamt als Anmeldung eingereicht werden.

Sollte dennoch der Fall eintreten, dass eine erste Anmeldung misslungen ist, da im Nachhinein festgestellt wird, dass wesentliche Aspekte der Erfindung fehlen, kann innerhalb der Prioritätsfrist eine erweiterte bzw. korrigierte Nachanmeldung eingereicht werden, die die Priorität der ersten Anmeldung in Anspruch nimmt.

Es kann passieren, dass eine frühe Anmeldung vollständig untauglich ist. In diesem Fall sollte man an die 18-monatige Geheimhaltungsfrist denken.[6] Innerhalb dieser Frist kann die Anmeldung vom Anmelder zurückgenommen werden, wobei die Öffentlichkeit niemals von deren Existenz oder deren technischer Lehre erfahren wird. Allerdings durfte die Anmeldung nicht prioritätsbegründend genutzt worden sein. Die Phase der Vorbereitungen zur Veröffentlichung durch das Patentamt ist zu beachten. Nach Beginn dieser Vorbereitungen ist eine Rücknahme der Anmeldung und damit eine Verhinderung der Offenlegung ausgeschlossen. Die 18-Monatsfrist sollte daher nicht ausgeschöpft werden, sondern eine Rücknahme sollte spätestens sechs bis acht Wochen vor Ablauf der Frist erfolgen.

Teilweise wird zu einem späten Anmeldetag geraten, um die Konkurrenz möglichst lange über die eigene F&E-Tätigkeiten im Ungewissen zu lassen. Von einer derartigen Vorgehensweise kann nur abgeraten werden, denn im Patentrecht gibt es keinen zweiten Sieger. Der erste Anmelder erhält den rechtlichen Schutz, die späteren Anmelder erhalten nichts und bekommen eventuell nicht einmal eine Lizenz vom ersten Anmelder, falls dieser seine Erfindung allein ausbeuten möchte.

Ist eine Intention, die Konkurrenz nicht zu früh über die Entwicklungsrichtung des eigenen Unternehmens zu informieren, so sollte auf alle Fälle kein Gebrauchsmuster, sondern ein Patent beantragt werden. Ein Gebrauchsmuster wird nach wenigen Monaten in das Gebrauchsmusterregister eingetragen und damit veröffentlicht. Eine Patentanmeldung wird die ersten 18 Monate vom Patentamt geheim gehalten. Eine Ausnahme ist eine frühe Patenterteilung. Wird ein Patent vor Ablauf der 18-Monatsfrist erteilt, entfällt die Offenlegung der Patentanmeldung und die Patentschrift wird umgehend veröffentlicht.

---

[6] § 31 Absatz 2 Nr. 2 Patentgesetz.

3.4 Grundlagen der Abwehr eines Patents

Eine Patentanmeldung ist ein ungeprüftes Schutzrecht. Es ist daher nicht eindeutig feststellbar, welcher Schutzumfang sich aus einer Anmeldung eines Wettbewerbers ergeben wird. Es ist durchaus möglich, dass sich aus der Patentanmeldung überhaupt kein Schutzrecht ergibt, da die Patentanmeldung vom Patentamt zurückgewiesen wird. Zur Abschätzung kann eine Akteneinsicht vorgenommen werden, wobei die amtlichen Bescheide eventuell eine Aussage erlauben, ob eine Erteilung wahrscheinlich ist und welcher Schutzbereich zu erwarten ist. Eine Abwehr einer fremden Patentanmeldung ist daher schwierig bzw. sie macht keinen Sinn. In der Praxis wird oft die Patenterteilung abgewartet.

Ein Gebrauchsmuster ist ein vollwertiges und daher durchsetzbares Schutzrecht, allerdings handelt es sich um ein ungeprüftes Schutzrecht. Wird ein Gebrauchsmuster als störend empfunden, sollte zunächst eine Bewertung der Rechtsbeständigkeit erfolgen. Hierzu ist eine Recherche nach dem Stand der Technik erforderlich. Der Schutzbereich eines Gebrauchsmusters kann daher nicht eindeutig bestimmt werden. Eine Abwehr von Schutzrechten konzentriert sich deswegen im Wesentlichen auf erteilte Patente.

Ein Patent ist ein geprüftes Schutzrecht und wurde vom befassten Patentamt inhaltlich auf Neuheit und erfinderische Tätigkeit geprüft. Dennoch kann es sinnvoll sein, eine eigene Recherche nach dem Stand der Technik durchzuführen, insbesondere falls man die Branche kennt und in einschlägigen Fachzeitschriften recherchieren kann, die üblicherweise nicht vom Patentamt bei der Prüfung der Patentfähigkeit herangezogen werden können, da sie dem Patentamt nicht bekannt sind. Dasselbe gilt für relevante Fachbücher.

Zur Feststellung der Möglichkeit der Benutzung einer Erfindung wird ein Freedom-to-operate-Gutachten erstellt, das laufend zu ergänzen ist. Es ist zu beobachten, ob weitere Schutzrechte Dritter bekannt werden bzw., ob eine Patentanmeldung, die unter Beobachtung steht, erteilt wird. Ein erteiltes Patent ist nach seiner Relevanz in das Gutachten aufzunehmen.

3.5 Recherche nach dem Stand der Technik

Eine Recherche nach dem Stand der Technik kann anhand der Datenbank depatisnet.de[7] des deutschen Patentamts erfolgen. Die Datenbank depatisnet.de enthält über 100 Mio. nationale und internationale Patentdokumente, also Patente, Patentanmeldungen und Gebrauchsmuster. Es wird insbesondere eine Basisrecherche („Basis") und eine Expertenrecherche („Experte") unterschieden (siehe Abb. 3.1).

In der Expertenrecherche kann mit Recherchestrings, also komplexen Suchanfragen, nach Patentdokumenten gesucht werden.

---

[7] DPMA, https://depatisnet.dpma.de/DepatisNet/depatisnet?window=1&space=menu&content=index&action=index, abgerufen am 18.12.2021.

DEPATISnet – Datenbank zu Patentveröffentlichungen aus aller Welt

DEPATIS**net** ist die Datenbank des Deutschen Patent- und Markenamtes für Online-Recherchen zu Patentveröffentlichungen aus aller Welt. Sie nutzen darin das amtsinterne elektronische Dokumentenarchiv DEPATIS (Deutsches Patentinformationssystem).

Wählen Sie einen Recherchemodus

- Basis

Verwenden Sie die Basisrecherche, wenn Sie noch keine oder sehr wenig Erfahrung mit der Recherche im DEPATIS**net** haben. Die Suchmaske ist leicht und intuitiv zu bedienen.

- Erweitert

Der Modus Erweitert ermöglicht eine Recherche in verschiedenen Recherchefeldern und eine individuelle Verknüpfung der ausgewählten Felder.

- Experte

Die Verwendung des Expertenmodus empfiehlt sich, wenn Sie bereits Erfahrung mit der Patent-Recherche haben. Hier können Sie auch komplexere Suchanfragen formulieren.

Abb. 3.1 Depatisnet: Basis- und Expertenrecherche

Basisrecherche

Die folgenden Felder sind alle mit UND verknüpft. Sie müssen mindestens ein Feld ausfüllen.

Recherche formulieren	
Veröffentlichungsnummer	z.B. DE4446098C2
Titel	z.B. Mikroprozessor
Anmelder/Inhaber/Erfinder	z.B. Heinrich Schmidt
Veröffentlichungsdatum	z.B. 12.10.1999 ☐ Zeitraum vom tt.mm.jjjj bis tt.mm.jjjj
Alle Klassifikationsfelder	z.B. F17D5/00
Suche im Volltext	z.B. Fahrrad

Abb. 3.2 DPMA: Basisrecherche

Vorzugsweise wird die Basisrecherche[8] verwendet (siehe Abb. 3.2). In der Basisrecherche können Suchbegriffe unter „Suche im Volltext" eingegeben werden.

Es ist nicht selten, dass sich durch eine Sucheingabe mehrere Tausend Treffer ergeben. In diesem Fall muss die Suche eingegrenzt werden. Eine sinnvolle Eingrenzung liegt vor, falls noch 20 bis 30 Treffer übrigbleiben. 20 bis 30 Patentdokumente können durchgearbeitet werden. Mehrere Hundert oder noch mehr Dokumente sind nicht mehr effizient auszuwerten.

---

[8] DPMA, https://depatisnet.dpma.de/DepatisNet/depatisnet?action=basis, abgerufen am 18.12.2021.

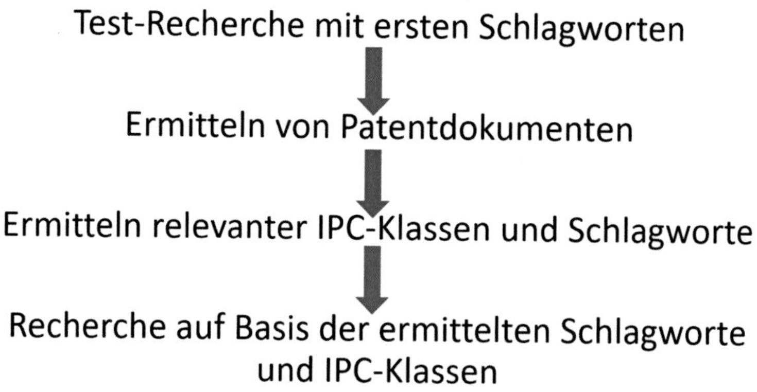

Test-Recherche mit ersten Schlagworten

⬇

Ermitteln von Patentdokumenten

⬇

Ermitteln relevanter IPC-Klassen und Schlagworte

⬇

Recherche auf Basis der ermittelten Schlagworte und IPC-Klassen

Abb. 3.3 Empfehlenswerte Recherchestrategie

Zur effektiven Eingrenzung des Rechercheergebnisses kann in einem ersten Schritt mit einem oder mehreren Schlagworten recherchiert werden. Die gefundenen Patentdokumente werden nach Relevanz bewertet. Die IPC-Klassen der relevanten Patentdokumente werden dem bibliographischen Teil des Patentdokuments (Deckblatt) entnommen. Außerdem werden die verwendeten Schlagworte nach Relevanz anhand der erzielten Suchergebnisse bewertet. Danach findet eine Recherche mit gleichzeitiger Angabe der zielführenden Schlagworte und der relevanten IPC-Klassen statt. Durch diese Eingrenzung kann die Trefferzahl erheblich reduziert werden (siehe Abb. 3.3).

3.6   Akteneinsicht beim deutschen und beim europäischen Patentamt

Mit einer Akteneinsicht[9] kann der aktuelle rechtliche Status eines Schutzrechts ermittelt werden. Hierzu kann in einer „Basisrecherche" das amtliche Aktenzeichen eingegeben werden (siehe Abb. 3.4).

Anhand eines Registerauszugs[10] kann festgestellt werden, welche Schutzrechtsart vorliegt und ob das Schutzrecht noch anhängig ist. Beispielsweise durch Nichtbezahlen von Jahresgebühren kann das Schutzrecht abgelaufen sein (siehe Abb. 3.5).

---

[9] DPMA, DPMARegister, https://register.dpma.de/DPMAregister/pat/basis, abgerufen am 18.12.2021.
[10] DPMA, https://register.dpma.de/DPMAregister/pat/register?AKZ=1020201074603, abgerufen am 18.12.2021.

Patente und Gebrauchsmuster

Basisrecherche

Informationen zur Internationalen Patentklassifikation (IPC) finden Sie unter: ↗ IPC

Recherche formulieren

Schutzrechtsart:	☑ Patent ☑ Gebrauchsmuster ☑ Schutzzertifikat ☑ Topografie
Aktenzeichen/Veröffentlichungsnummer:	z.B. 102010064471.4
Bezeichnung/Titel:	z.B. Mikroprozessor
Anmelder/Inhaber/Erfinder:	z.B. Schmidt GmbH
Publikationstag:	z.B. 16.09.2010 ☐ Zeitraum vom tt.mm.jjjj bis tt.mm.jjjj
IPC-Haupt-/Nebenklasse:	z.B. F17D 5/00
Nur in Kraft befindliche Schutzrechte anzeigen:	☐

Abb. 3.4 DPMAregister: Registerauszug

Registerauskunft Patent

Aktenzeichen DE: 10 2020 107 460.3 (Status: anhängig/in Kraft, Stand am: 18. Dezember 2021)

Herunterladen ↗ PDF ↗ ST.36		Extras ST.27 ↑ DPMAkurier Akteneinsicht Datenfehler ✉ melden		

Registerauskunft 1 von 1 anzeigen   Blättern |< < > >| Zurück ↩ Recherche ↩ Trefferliste

STAMMDATEN

INID	Kriterium	Feld	Inhalt
	Schutzrechtsart	SART	Patent
	Status	ST	Anhängig/in Kraft
21	Aktenzeichen DE	DAKZ	10 2020 107 460.3
54	Bezeichnung/Titel	TI	STEUERVORRICHTUNG EINES FAHRZEUGS
51	IPC-Hauptklasse	ICM (ICMV)	F16H 61/16 (2006.01)
51	IPC-Nebenklasse(n)	ICS (ICSV)	F16H 61/04 (2006.01)
22	Anmeldetag DE	DAT	18.03.2020
43	Offenlegungstag	OT	24.09.2020
71/73	Anmelder/Inhaber	INH	TOYOTA JIDOSHA KABUSHIKI KAISHA, Toyota-shi, Aichi-ken, JP
72	Erfinder	IN	Tomita, Takashi, Toyota-shi, Aichi-ken, JP

Abb. 3.5 DPMA: Registerauskunft

Der aktuelle rechtliche Status kann anhand der Verfahrensdaten ermittelt werden. In diesem Beispiel wurde als letzte Handlung die Offenlegungsschrift veröffentlicht. Das Schutzrecht ist daher noch im Prüfungsverfahren. Ein Patent wurde noch nicht erteilt (siehe Abb. 3.6).

VERFAHRENSDATEN					
Position	Verfahrensart	Verfahrensstand	Verfahrensstandstag ▲	Veröffentlicht im Patentblatt vom	Alle Details anzeigen
1	Vorverfahren	Die Anmeldung befindet sich in der Vorprüfung	18.03.2020		Detail anzeigen
2	Prüfungsverfahren	Prüfungsantrag wirksam gestellt	18.03.2020		Detail anzeigen
3	Vorverfahren	Das Vorverfahren ist abgeschlossen	18.05.2020		Detail anzeigen
4	Publikationen	Offenlegungsschrift	24.09.2020	24.09.2020	Detail anzeigen

Abb. 3.6 DPMA: Registerauskunft – Verfahrensdaten

3.7 Freedom-to-operate-Gutachten

Ein Freedom-to-operate-Gutachten dient dazu, eine Übersicht der Schutzrechte zu schaffen, die zu einer Einschränkung der Benutzung eines eigenen Produkts führen können. Das Freedom-to-operate-Gutachten stellt eine Momentaufnahme dar, da sich die Schutzrechte in ihrem Status ändern können. Beispielsweise kann sich aus einer Patentanmeldung ein Patent ergeben bzw. eine Patentanmeldung fällt aus der Betrachtung heraus, da sie vom Patentamt zurückgewiesen wurde. Es ist auch möglich, dass Patente neu bewertet werden müssen, da sie in einem Einspruchs- oder einem Nichtigkeitsverfahren für nichtig erklärt wurden oder da deren Schutzbereich beschränkt wurde.

Ein wichtiger Aspekt stellt die 18-Monats-Frist der Geheimhaltung von Anmeldungen dar. Innerhalb der ersten 18 Monate nach Einreichung einer Anmeldung hält ein Patentamt eine Patentanmeldung geheim.[11] Hierdurch soll es dem Anmelder ermöglicht werden, seine Anmeldung zurückzuziehen, falls sich innerhalb der ersten Monate nach der Einreichung der Anmeldung ergibt, dass eine Verwertung als Betriebsgeheimnis sinnvoller ist. Es ist hierbei zu beachten, dass nach Beginn des Prozesses zur Veröffentlichung der Patentanmeldung als Offenlegungsschrift, dieser Prozess nicht mehr gestoppt werden kann. Es sollte davon ausgegangen werden, dass ca. 6 bis 8 Wochen vor Ablauf der 18-Monatsfrist dieser Prozess begonnen wird.

Eine Ausnahme von der 18-Monats-Frist ergibt sich, falls bereits innerhalb der Frist das Patent erteilt wird. In diesem Fall wird keine Offenlegungsschrift veröffentlicht, sondern umgehend die Patentschrift.

---

[11] § 32 Abs. 5 i. V. m § 31 Abs. 2 Nr. 2 PatG bzw. Art. 93 EPÜ.

3.8   Gesetz zum Schutz von Geschäftsgeheimnissen (GeschGehG)

Das Anmelden von Erfindungen stellt ein arbeits- und kostenintensives Unterfangen dar. Andererseits kann das betriebliche Know-How eine wichtige Säule eines Unternehmens darstellen und ist daher in aller Regel schützenswert. Um einen alternativen rechtlichen Schutz des betrieblichen Know-Hows zur Anmeldung als Patent zu bieten, wurde das Gesetz zum Schutz von Geschäftsgeheimnissen geschaffen. Das Gesetz ist für sämtliche Arten von Geschäftsgeheimnissen anwendbar, beispielsweise kaufmännische Verfahren, unternehmerische Dokumente oder Gegenstände, Prototypen, Kunden- und Lieferantenlisten, Umsatzzahlen, Kalkulationen, Unternehmensstrategien, Produktionsmethoden, Formeln, Rezepte und Algorithmen. Technische Erfindungen können ebenfalls als Geschäftsgeheimnis geschützt werden. Dem Schöpfer einer Erfindung eröffnen sich daher zwei Möglichkeiten, seine Erfindung rechtlich zu schützen: er kann ein Patent oder ein Gebrauchsmuster für seine Erfindung beantragen oder er kann die Voraussetzungen des Gesetzes zum Schutz von Geschäftsgeheimnissen erfüllen und dadurch ein Geschäftsgeheimnis manifestieren.

3.8.1   Voraussetzungen

Eine Voraussetzung, dass ein spezielles Know-How ein schutzwürdiges Geschäftsgeheimnis nach dem Gesetz zum Schutz von Geschäftsgeheimnissen ist, ist dass das Geschäftsgeheimnis nicht allgemein bekannt oder sofort zugänglich ist. Zusätzlich muss ein berechtigtes Interesse an der Geheimhaltung bestehen. Es müssen außerdem betriebliche Geheimhaltungsmaßnahmen eingehalten werden.[12]

3.8.2   Ansprüche gegen Rechtsverletzer

Die Ansprüche, die sich für den Inhaber eines Geschäftsgeheimnisses ergeben, entsprechen denjenigen des Patentgesetzes. Es besteht ein Anspruch auf Beseitigung und bei Wiederholungsgefahr, oder falls eine Rechtsverletzung droht, ein Unterlassungsanspruch.[13] Außerdem kann ein Vernichtungs- oder Herausgabeanspruch, ein Anspruch auf Rückruf eines rechtsverletzenden Produkts, ein Anspruch auf Entfernung rechtsverletzender Produkte aus dem Vertriebsweg und ein Auskunftsanspruch geltend gemacht werden.[14] Zusätzlich kann ein Schadensersatzanspruch bestehen.[15]

---

[12] § 2 Nr. 1 Gesetz zum Schutz von Geschäftsgeheimnissen.

[13] § 6 Gesetz zum Schutz von Geschäftsgeheimnissen.

[14] § 7 Gesetz zum Schutz von Geschäftsgeheimnissen.

[15] § 10 Absatz 1 Satz 1 Gesetz zum Schutz von Geschäftsgeheimnissen.

3.8.3 Eigenständige Schöpfung durch Dritte und Reverse Engineering

Durch das Gesetz zum Schutz von Geschäftsgeheimnissen wird kein allgemeines Verbietungsrecht geschaffen, wie dies für ein Patent oder ein eingetragenes Gebrauchsmuster besteht. Der Inhaber eines Geschäftsgeheimnisses erwirbt kein Exklusivrecht auf sein Geschäftsgeheimnis. Hier erkennt man die Herkunft des Gesetzes zum Schutz von Geschäftsgeheimnissen aus dem Verbot des unlauteren Wettbewerbs, das eine Nachahmung verhindern soll, das aber keinen absoluten Schutz auf den Gegenstand des Geschäftsgeheimnisses entstehen lässt.

Mit einem Geschäftsgeheimnis nach dem Gesetz zum Schutz von Geschäftsgeheimnissen kann nicht die Benutzung einer selbst geschaffenen Schöpfung verhindert werden.[16] Wird daher das Geschäftsgeheimnis eigenständig von einem Dritten erarbeitet, kann die Benutzung nicht untersagt werden. Es steht dem Dritten auch zu, ein Patent für das Geschäftsgeheimnis anzustreben. Ein erteiltes Patent des Dritten kann jedoch nicht gegen den Inhaber des Geschäftsgeheimnisses wegen dessen Vorbenutzungsrecht[17] angewandt werden.

Sogar die Analyse eines Produkts, das das Geschäftsgeheimnis realisiert, durch Beobachten, Testen oder Reverse Engineering, um ein entsprechendes Produkt herzustellen und dem Markt anzubieten, kann vom Inhaber des Geschäftsgeheimnisses nicht verhindert werden.[18] Die Anwendung des Gesetzes zum Schutz von Geschäftsgeheimnissen kann daher für innovative Produkte, die alternativ durch ein Patent oder ein Gebrauchsmuster geschützt werden können, nicht empfohlen werden, denn der Wettbewerber kann das Produkt analysieren und nachbauen, ohne dass der Inhaber des Geschäftsgeheimnisses hiergegen eine Handhabe hätte. Das Gesetz zum Schutz von Geschäftsgeheimnissen ist daher vorzugsweise für technische Herstellverfahren sinnvoll, deren Anwendung innerhalb des eigenen Betriebs stattfindet. Es ist dann allerdings zu entscheiden, ob das Herstellverfahren einfach geheim gehalten wird oder ob der bürokratische Aufwand betrieben wird, um ein Geschäftsgeheimnis nach dem Gesetz zum Schutz von Geschäftsgeheimnissen zu erwerben. Im letzteren Fall ist man besser für eine gerichtliche Auseinandersetzung gewappnet, falls beispielsweise durch Mitarbeiterfluktuation ein Betriebsgeheimnis in die Hände von Wettbewerbern gelangt.

---

[16] § 3 Absatz 1 Nr. 1 Gesetz zum Schutz von Geschäftsgeheimnissen.

[17] § 12 Absatz 1 Satz 1 Patentgesetz.

[18] § 3 Absatz 1 Nr. 2 Gesetz zum Schutz von Geschäftsgeheimnissen.

Tab. 3.3 Patent versus Geschäftsgeheimnis

	Patent	Geschäftsgeheimnis
Absoluter Schutz gegen Imitation	Ja	Nein, kein Schutz gegen eine eigenständige Schöpfung und Reverse Engineering
Maximale Laufzeit	20 Jahre	Unbegrenzt
Kosten	Amtsgebühren und Kosten für einen Patentanwalt	Kosten wegen betrieblicher Geheimhaltungsmaßnahmen und deren Dokumentation
Verwaltungsaufwand	bis zur Erteilung hoch, danach gering	dauerhaft hoch, wegen der Geheimhaltungsmaßnahmen und deren Dokumentation

3.8.4   Vergleich Patentrecht und Geschäftsgeheimnisgesetz

Die Tab. 3.3 bietet einen Vergleich eines Patents mit einem Geschäftsgeheimnis nach dem Gesetz zum Schutz von Geschäftsgeheimnissen.

Es gibt technisches Know-How, das einen hohen wirtschaftlichen Wert aufweist, das aber wegen mangelnder Neuheit nicht patentfähig ist. Dieses technische Know-How kann dennoch einen Wettbewerbsvorteil verschaffen, da es beispielsweise in Vergessenheit geraten ist und den Wettbewerbern nicht zur Verfügung steht. In diesem Fall besteht nur die Möglichkeit, das Know-How als Betriebsgeheimnis zu schützen. In diesem Fall bietet das Geschäftsgeheimnisschutzgesetz eine Möglichkeit des rechtlichen Schutzes.

Ein großer Nachteil des Gesetzes zum Schutz von Geschäftsgeheimnissen ist darin zu sehen, dass die Geheimhaltungsmaßnahmen dauerhaft vorgenommen werden müssen und diese auch zu dokumentieren sind. Allerdings kann hierdurch bei einer gerichtlichen Auseinandersetzung nachgewiesen werden, dass ein rechtlicher Schutz des Geschäftsgeheimnisses besteht. Im Gegensatz zu einem Patent oder einem Gebrauchsmuster ist daher dauerhaft ein großer bürokratischer Aufwand zu leisten, und zwar über die komplette Laufzeit während der das Know-How als Geschäftsgeheimnis nach dem Gesetz zum Schutz von Geschäftsgeheimnissen gelten soll. Ein großer Vorteil des Geschäftsgeheimnisschutzgesetzes ist, dass der rechtliche Schutz für ein Betriebsgeheimnis zeitlich unbeschränkt ist.

3.9   Geheimhaltungsvereinbarung

Eine Geheimhaltungsvereinbarung kann konkludent, also stillschweigend, oder ausdrücklich vorliegen. Mit einer Geheimhaltungsvereinbarung kann die Patentfähigkeit einer Erfindung gewahrt bleiben. Wird eine Geheimhaltungsvereinbarung jedoch gebrochen und die Erfindung der Öffentlichkeit zugänglich gemacht, geht die Patentfähigkeit verloren.

Eine Geheimhaltungsvereinbarung sollte als Übergangslösung betrachtet werden, um bis zur Anmeldung der Erfindung eine ausreichende rechtliche Sicherheit zu gewährleisten. Es gilt ohnehin eine stillschweigende Geheimhaltungsvereinbarung, wenn die beteiligten Parteien davon ausgehen, dass die Erfindung geheim zu halten ist, um die Schutzfähigkeit der Erfindung zu wahren.

3.9.1 Geheimhaltungserklärung wegen einer Präsentation

Eine Geheimhaltungserklärung wegen einer Präsentation sollte drei wesentliche Punkte umfassen. Zum einen ist der Gegenstand der Präsentation, also die vorgestellte Erfindung, genau zu bezeichnen, damit es klar ist, auf welchen Gegenstand sich die Erklärung bezieht. Zur genauen Bestimmung können technische Zeichnungen oder Fotos dienen. Außerdem muss die Geheimhaltungserklärung eine ausdrückliche Erklärung des Stillschweigens und die Androhung einer Vertragsstrafe bei Nichteinhalten enthalten.[19]

Zusätzlich weist eine Geheimhaltungserklärung den Ort und das Datum der Vorführung auf. Die Erklärung selbst ist ebenfalls datiert und von der zu verpflichtenden Person handschriftlich zu unterzeichnen. Es empfiehlt sich, die weiteren anwesenden Personen zu benennen, die nötigenfalls von einem Gericht als Zeugen geladen und vernommen werden.

3.9.2 Geheimhaltungsvereinbarung für eine Kooperation

Eine Geheimhaltungsvereinbarung für eine Kooperation, beispielsweise eine F&E-Kooperation zur Entwicklung einer technischen Erfindung, ist erheblich umfangreicher als eine Vereinbarung wegen einer Präsentation.[20]

Bei einem umfangreichen Vertragswerk wird dem eigentlichen Vertragstext oft eine Präambel vorangestellt. In dieser Präambel werden die Absichten und Interessen der Parteien erläutert, die diese mit dem Abschluss des Vertrags verfolgen. Hierdurch ist es möglich, auftretende Lücken des Vertragstextes im Sinne der Vertragsparteien zu schließen. Eine Präambel ist für eine Geheimhaltungsvereinbarung für eine Kooperation empfehlenswert.

Am Ende des Vertrags kann eine sogenannte salvatorische Klausel aufgenommen werden. Durch diese Klausel wird bestimmt, dass falls einzelne Teile des Vertrags unwirksam sein sollten, der Vertrag insgesamt in Kraft bleibt. Außerdem sollen die unwirksamen Abschnitte durch solche ersetzt werden, die den Absichten und Interessen

---

[19] Siehe Abschn. 8.1
[20] Siehe Abschn. 8.2

der Parteien zum Zeitpunkt der Unterzeichnung des Vertrags entsprechen. Zur Ermittlung der Absichten und Interessen der Vertragsparteien kann die Präambel genutzt werden.

Die einzelnen Vertragsparteien sollten genau bezeichnet werden, am besten mit der Adresse und weiteren erläuternden Angaben. In diesem Fall kann eine einzelne falsche Angabe durch die zusätzlichen, redundanten Angaben korrigiert werden. In der Praxis ist es gar nicht so selten, dass die Bezeichnungen der Vertragsparteien nicht korrekt sind.

Zunächst sollte bestimmt werden, dass die Vertragsparteien über die Vertragsdetails Stillschweigen wahren. Der Vertragsgegenstand ist genau anzugeben. Es genügen keine Kurzbezeichnungen. Stattdessen sollte der Gegenstand der Vereinbarung umfassend und detailliert beschrieben werden, eventuell können technische Zeichnungen, Fotos und Flyer beigefügt werden. Es ist außerdem zu regeln, auf welche Gegenstände sich die Verschwiegenheitsvereinbarung nicht erstreckt.

Es ist zu bestimmen, welche Situation nach dem geplanten Ende der Kooperation bzw. nach einem Abbruch der Kooperation eintreten soll. Hierbei ist zu regeln, welche Vertragspartei welche Nutzungsrechte bzw. Eigentum an welchen Erfindungen bzw. Know-How erhält. Außerdem ist zu klären, wem welche Unterlagen und Daten zurückzugeben sind.

Es ist zu regeln, wie die Haftung für Mitarbeiter, Dienstleister und Kooperationspartner der Vertragsparteien zu gestalten ist bzw. welche Vorkehrungen die Vertragsparteien zu treffen haben, damit kein Schadensfall durch Mitarbeiter, Dienstleister und Kooperationspartner der Vertragsparteien eintritt.

Es ist zu vereinbaren, dass im Schadensfall oder falls dieser droht einzutreten, die Vertragsparteien umgehend zu alarmieren sind. Außerdem ist die Vertragsstrafe für schuldhaftes Verhalten bzw. schuldhaftes Versäumen zu bestimmen. Es können mindernde Umstände vorgesehen sein.

Es kann vereinbart werden, dass auftretende Streitigkeiten durch ein Schiedsgericht statt durch die ordentliche Gerichtsbarkeit entschieden werden. Hierdurch kann sehr schnell Rechtsklarheit geschaffen werden, insbesondere falls vereinbart wird, dass die erste Instanz eine endgültige Entscheidung trifft, die von keiner zweiten Instanz überprüfbar ist.

3.10 Lizenzvereinbarung

Eine Patentstrategie kann vorsehen, im Heimatmarkt eine Erfindung selbst auszubeuten und in ausländischen Märkten eine Verwertung durch Lizenznehmer anzustreben. In diesem Fall ist mit dem Lizenznehmer ein geeigneter Lizenzvertrag abzuschließen, um eine Ausweitung der geschäftlichen Tätigkeit durch den Lizenznehmer im Ausland zu ermöglichen und andererseits Schaden für den Heimatmarkt zu verhindern.

Ein Lizenzvertrag ist ein komplexes und umfangreiches Vertragswerk.[21] Es ist empfehlenswert, eine Lizenzvereinbarung mit einer Präambel zu beginnen, die über

---

[21] Siehe Abschn. 8.4

die Absichten, die Ausgangssituation und die grundlegenden Interessen der Vertragsparteien Auskunft gibt. Es sollte nicht vergessen werden, den Vertragsgegenstand genau zu beschreiben. Hierzu ist das betreffende Schutzrecht mit Titel, Anmeldetag und amtlichem Aktenzeichen anzugeben. Außerdem ist es typisch bei der Lizenzierung eines technischen Schutzrechts, dass zusätzlich technisches Know-How, weitere Entwicklungsergebnisse, Konstruktionszeichnungen und Ähnliches zur Lizenzvereinbarung gehören. Die einzelnen Teile des Vertragsgegenstands können in einem Anhang aufgelistet werden.

Die Lizenzart ist zu bestimmen. Es kann sich um eine exklusive, ausschließliche, oder eine einfache, nicht-ausschließliche, Lizenz handeln. Bei der Vergabe einer einfachen Lizenz ist der Lizenzgeber berechtigt, weitere Lizenzen zu vergeben. Bei einer exklusiven Lizenz ist ausschließlich der Lizenznehmer zur Benutzung des lizenzierten Gegenstands berechtigt. Der Lizenzgeber ist ebenfalls durch den exklusiven Lizenzvertrag von der Benutzung ausgeschlossen. Im ausschließlichen Lizenzvertrag kann sich der Lizenzgeber ein einfaches Lizenzrecht ausbedingen.

Die Lizenz ist örtlich und zeitlich zu bestimmen. Eine Lizenz eines Patents muss nicht für das ganze Staatsgebiet gelten, für das das Patent wirksam ist. Die Lizenz kann auf beliebige Teil-Territorien des Staatsgebiets beschränkt sein.

Typischerweise wird dem Lizenznehmer das Recht, Unterlizenzen zu vergeben, nicht gewährt. Hierdurch kann der Lizenzgeber verhindern, dass er plötzlich ihm unbekannten Lizenznehmern gegenübersteht. Außerdem wird so eine unkontrollierte Vermehrung der Lizenznehmer und eine Aushöhlung der Lizenz verhindert. Mit einem Recht zur Erteilung einer Unterlizenz könnte der Lizenznehmer Unterlizenzen vergeben, die nicht mit den beispielsweise örtlichen oder zeitlichen Beschränkungen seiner Lizenz behaftet sind.

Der Lizenzgeber haftet für die grundsätzliche Ausführbarkeit der Erfindung. Wird ein Patent lizenziert, kann von der Ausführbarkeit ausgegangen werden, da nur eine Erfindung zum Patent erteilt wird, die für einen Fachmann ohne umfangreiche Tests und technische Überlegungen anstrengen zu müssen, ausführbar ist. Die wirtschaftliche Verwertbarkeit ist von der technischen Ausführbarkeit zu unterscheiden. Eine Erfindung kann grundsätzlich ausführbar und dennoch wirtschaftlich nicht verwertbar sein, da beispielsweise nur eine kostenintensive Einzelfertigung und keine kostengünstige Serienfertigung realisierbar ist.

Der Lizenzgeber ist verpflichtet, für den Bestand des dem Lizenzvertrag zugrunde liegenden Schutzrechts zu sorgen. Hierzu gehört, dass die fälligen Jahresgebühren bezahlt werden. Außerdem hat der Lizenzgeber die Durchsetzung des Schutzrechts zu gewährleisten. Verletzungen des Schutzrechts sind vom Lizenzgeber zu verfolgen. Alternativ kann ein exklusiver Lizenznehmer Verletzungen des Schutzrechts bekämpfen. Ein einfacher Lizenznehmer ist nicht berechtigt, Patentverletzungen zu ahnden.

Es ist zu regeln, ob eine Festlizenzgebühr oder eine umsatzabhängige Gebühr vom Lizenznehmer an den Lizenzgeber zu entrichten ist. Eine Festlizenzgebühr stellt einen festen Lizenzbetrag dar, der jährlich, quartalsweise oder monatlich an den Lizenzgeber zu bezahlen ist, unabhängig von dem Umfang der Benutzung der lizenzierten Erfindung.

Die umsatzabhängige Lizenzgebühr richtet sich nach der Anzahl bzw. nach der Menge des verkauften lizenzierten Produkts in der geeigneten Maßeinheit, insbesondere in Volumen-, Gewichts- oder Längeneinheit. In der Praxis wird oft eine Mischform mit einem festen Sockelbetrag und einem umsatzabhängigen Anteil verwendet, um die zu entrichtende Lizenzgebühr zu ermitteln.

Es kann sachgemäß sein, eine Abstaffelung einer umsatzabhängigen Lizenzgebühr vorzusehen. Dies kann der Tatsache geschuldet sein, dass der Lizenznehmer bei großen Verkaufszahlen Rabatte einräumen muss. Eine Abstaffelung kann sich nach der Tabelle unter Nummer (11) der Richtlinien für die Vergütung von Arbeitnehmererfindungen orientieren.[22]

Eine reine umsatzabhängige Lizenzgebühr birgt die Gefahr, dass der Lizenznehmer einen ausschließlichen Lizenzvertrag abschließt und dann statt den lizenzierten Gegenstand ein Wettbewerbsprodukt herstellt und vertreibt. In diesem Fall ist der Lizenzgeber doppelt gekniffen, denn er kann bei einem exklusiven Lizenzvertrag keinen weiteren Lizenznehmer finden. Zusätzlich erhält er keine Lizenzgebühren, da keine Umsätze erzeugt werden. Der Lizenzgeber ist daher blockiert und geht leer aus. Um diese missliche Konstellation für den Lizenzgeber zu vermeiden, sollte er bei einem exklusiven Lizenzvertrag stets eine Mindestlizenzgebühr vorsehen.

Im Lizenzvertrag ist die Abrechnungsweise und die Fälligkeit von umsatzabhängigen Lizenzgebühren zu regeln. Eine Rechnungslegung kann beispielsweise 30 Tage nach Ende des Kalenderjahres bestimmt werden, wobei die Fälligkeit der errechneten Lizenzgebühren 30 Tage später eintreten kann.

Dem Lizenzgeber muss eine Möglichkeit eingeräumt werden, die Rechnungslegung seines Lizenznehmers zu prüfen bzw. prüfen zu lassen. Typischerweise wird vereinbart, dass der Lizenzgeber berechtigt ist, einen Wirtschaftsprüfer zu beauftragen. Der Wirtschaftsprüfer ist vom Lizenzgeber zu bezahlen, außer der Wirtschaftsprüfer stellt eine Abweichung der vom Lizenznehmer mitgeteilten Lizenzgebühr von der tatsächlichen Lizenzgebühr fest, die größer als beispielsweise 5 % ist.

Alle Vertragsparteien sollten zur Geheimhaltung bezüglich der Details des Lizenzvertrags und bezüglich des lizenzierten Know-Hows verpflichtet werden.

Es ist durchaus möglich, dass der Lizenznehmer die lizenzierte Erfindung weiterentwickelt und die Weiterentwicklung zum Patent anmeldet. Das hierdurch entstehende Patent würde die Brauchbarkeit des dem Lizenzvertrag zugrunde liegenden Schutzrechts erheblich mindern. Es ist daher im Interesse des Lizenzgebers, ein Benutzungsrecht an einem derartigen Patent des Lizenznehmers zu erhalten. Dies gilt insbesondere, falls der Lizenzgeber nach Ablauf der Lizenz seine Erfindung selbst nutzen möchte. Der Lizenzgeber sollte sich durch den Lizenzvertrag zumindest eine einfache Lizenz an Patenten

---

[22] Richtlinien für die Vergütung von Arbeitnehmererfindungen im privaten Dienst vom 20. Juli 1959 (Beilage zum Bundesanzeiger Nr. 156 vom 18. August 1959) geändert durch die Richtlinie vom 1. September 1983 (Bundesanzeiger Nr. 169, S. 9994).

seines Lizenznehmers, die sich mit Weiterentwicklungen des lizenzierten Gegenstands befassen, sichern.

Ein einfacher Lizenznehmer sollte darauf achten, dass der Lizenzvertrag eine Meistbegünstigungsklausel enthält. Mit einer Meistbegünstigungsklausel wird sichergestellt, dass es nicht Lizenznehmer gibt, die eine kostengünstigere Lizenz erhalten und dadurch mit günstigeren Bedingungen den Markt bedienen können. Der Lizenznehmer stellt dadurch seine Wettbewerbsfähigkeit gegenüber mitbewerbenden Lizenznehmern sicher.

Der Lizenznehmer kann mit einer Nichtangriffsklausel verpflichtet werden, die lizenzierten Schutzrechte nicht anzugreifen. Mit einer Nichtangriffsklausel wird gewährleistet, dass der Lizenznehmer keine Schutzrechte des Lizenzgebers angreift, die Gegenstand des Lizenzvertrags sind.

Die Vertragslaufzeit ist zu bestimmen und es können Kündigungsmöglichkeiten vorgesehen sein. Es sollten keine zu kurzen Kündigungsfristen vereinbart werden. Es sollte bedacht werden, dass der Lizenznehmer eventuell einen erheblichen zeitlichen Vorlauf benötigt, um die wirtschaftliche Verwertung des Gegenstands des Lizenzvertrags zu realisieren. Es ist gegebenenfalls eine Produktion aufzubauen, Distributionskanäle einzurichten und eine Marketingkampagne durchzuführen. Ist die Lizenzdauer relativ kurz, das heißt 2 bis 4 Jahre, sollte überhaupt keine Kündigungsmöglichkeit bestehen. Der Lizenzgeber benötigt ebenfalls einen zeitlichen Vorlauf, um einen neuen Lizenznehmer zu finden. Es ist daher in aller Regel im Interesse des Lizenznehmers und des Lizenzgebers keine kurzen Kündigungsfristen zu ermöglichen. Eine Kündigung aus besonderen Gründen kann unabhängig davon vereinbart werden. Die besonderen Gründe sind zu nennen.

Die rechtliche Situation, die nach Ende der Vertragslaufzeit bestehen soll, ist zu regeln. Insbesondere ist zu bestimmen, welche Unterlagen der Lizenznehmer an den Lizenzgeber zurückzugeben hat. Es sollte vereinbart werden, dass weiterhin Stillschweigen über das bislang lizenzierte technische Know-How gewahrt wird. Es ist eine Übergangszeit zu definieren, in der der Lizenznehmer noch Restbestände des lizenzierten Gegenstands verkaufen darf bzw. während der dem Lizenznehmer erlaubt ist, noch eingehende Aufträge bezüglich des lizenzierten Gegenstands zu bearbeiten.

Das ordentliche Gerichtsverfahren bei streitigen Fällen wird regelmäßig ausgeschlossen und auf ein Schiedsverfahren verwiesen. Typischerweise wird das Schiedsverfahren auf eine Instanz beschränkt, um schnelle Rechtsklarheit zu schaffen. Außerdem sollten der Gerichtsstand und das anzuwendende Recht, typischerweise das Recht der Bundesrepublik Deutschland, bestimmt werden.

3.11 Schutzrechtsverkauf

Es kann eine Option sein, ein Schutzrecht oder eine komplette Patentfamilie zu veräußern, falls sich die wirtschaftlichen Erwartungen an die geschützte Erfindung nicht erfüllt haben und die zukünftigen Aussichten ebenfalls nicht zufriedenstellend sind.

In einem Patentübertragungsvertrag sollte der Titel des Schutzrechts, sein Anmeldetag und das amtliche Aktenzeichen genannt werden. Es sollte der ursprüngliche Anmelder genannt werden und wie der aktuelle Inhaber das Schutzrecht erhalten hat. Hierdurch weist der Schutzrechtsinhaber nach, dass er der rechtmäßige Eigentümer ist.

Es ist eine Textpassage aufzunehmen, dass sämtliche Rechte und Pflichten auf den Erwerber übergehen. Außerdem sollte geregelt werden, welche Kosten von wem zu tragen sind. Insbesondere kann bestimmt werden, dass sämtliche bis dahin angefallenen Kosten, Amtsgebühren und Kosten eines Patentanwalts, vom Erwerber an den Veräußerer zu bezahlen sind.

Außerdem sollte der Veräußerer verpflichtet werden, beim zuständigen Patentamt zu beantragen, die neuen Eigentumsverhältnisse in das Register aufzunehmen. Hierzu kann dem Veräußerer beispielsweise einer Frist von zwei bis drei Wochen ab Verkauf gesetzt werden. Eine Regelung, dass der Erwerber die Kosten der Übertragung übernimmt, ist üblich.

Der Veräußerer wird durch die Übertragungsvereinbarung verpflichtet, sämtliche Unterlagen, die der Erwerber zur Fortführung des Schutzrechts benötigt, innerhalb einer Frist von wenigen Wochen zu übergeben.[23]

Der Veräußerer kann sich eine einfache Lizenz an dem Schutzrecht vorbehalten. In diesem Fall ist eine geeignete Lizenzgebühr zu bestimmen.

---

[23] Siehe Abschn. 8.3

Patentanmeldestrategien

4

Inhaltsverzeichnis

4.1 Patentfamilie 42
4.2 Priorität 42
    4.2.1 Innere Priorität 43
    4.2.2 Kettenpriorität 43
4.3 Europäische Patentanmeldung. 44
4.4 Internationale Anmeldung 44
4.5 Teilanmeldung 46
4.6 Gebrauchsmusterabzweigung 51
4.7 Gegenstände der Schutzrechte einer Patentfamilie 52
4.8 Beispiele. 52
    4.8.1 Deutsche Anmeldung als Erstanmeldung 52
    4.8.2 US-amerikanische Anmeldung als Erstanmeldung 53
    4.8.3 Deutsche Erstanmeldung und ausländische, nationale Nachanmeldung 53
    4.8.4 Deutsche Erstanmeldung und europäische Nachanmeldung. 55
    4.8.5 Deutsche Erstanmeldung und internationale Nachanmeldung 55
    4.8.6 Europäische Erstanmeldung und nationale Nachanmeldungen. 57
    4.8.7 Internationale Erstanmeldung und nationale Nachanmeldungen 59
    4.8.8 Parallele deutsche und ausländische Patentanmeldungen 60
    4.8.9 Deutsche Patentanmeldung und paralleles deutsches Gebrauchsmuster. 60

Bei der Erarbeitung einer Patentanmeldestrategie ist zu überlegen, ob der Schutz eines nationalen Patents in ausländische Länder erstreckt werden soll. Falls ja, entsteht eine internationale Patentfamilie. Die rechtlichen Instrumente, um eine Patentfamilie aufzubauen sind insbesondere das Prioritätsrecht, das Einreichen einer nationalen ausländischen, einer internationalen oder einer europäischen Anmeldung. Mit einer Teilanmeldung oder einem zusätzlichen parallelen Gebrauchsmuster kann ebenfalls eine Patentfamilie erstellt werden. Mit einer Teilanmeldung oder einem parallelen Gebrauchsmuster wird eine nationale Patentfamilie aufgebaut.

T. H. Meitinger, *Patentstrategien,* https://doi.org/10.1007/978-3-662-65089-9_4

4.1   Patentfamilie

Eine Patentfamilie zeichnet sich dadurch aus, dass wesentliche Beschreibungsanteile
der Schutzrechte der Patentfamilie identisch sind und daher eine inhaltliche Verbindung
zwischen diesen Schutzrechten besteht. Außerdem ergibt sich insbesondere durch die
Inanspruchnahme einer Priorität, durch Teilanmeldungen oder durch Gebrauchsmuster-
abzweigungen eine rechtliche Verbindung. Außerdem können nationale Anmeldungen
aus einer internationalen Anmeldung hervorgehen oder es ergeben sich nationale
Anmeldungen aus einem europäischen Patent durch Benennung der betreffenden Mitgliedsstaaten des EPÜ. Die Schutzrechte einer Patentfamilie zeichnen sich daher durch
identische inhaltliche Beschreibungsanteile und rechtliche Verknüpfungen aus.

Ein besonderer Fall liegt beim Einreichen einer Patentanmeldung und eines
Gebrauchsmusters mit derselben Beschreibung an demselben Tag vor. Auch diese
Anmeldungen sind verbunden und stellen eine Patentfamilie dar. Allerdings besteht
keine rechtliche Verbundenheit.

4.2   Priorität

Eine Priorität berechtigt einen Anmelder, innerhalb eines Jahres Nachanmeldungen einzureichen, die denselben frühen Zeitrang wie die ursprüngliche Anmeldung haben.[1] Beispielsweise kann eine deutsche Anmeldung prioritätsbegründend verwendet werden,
um eine französische, italienische, britische, US-amerikanische oder chinesische
Patentanmeldung zu erhalten, die zwar nicht denselben Anmeldetag wie die deutsche
Erstanmeldung haben, die aber behandelt werden, als wären sie am Anmeldetag der
deutschen prioritätsbegründenden Anmeldung bei dem jeweiligen ausländischen Patentamt eingereicht worden. Der Vorteil ist dabei, dass für die Bewertung der Rechtsbeständigkeit der Nachanmeldungen nur die Patentdokumente, Veröffentlichungen
und offenkundigen Vorbenutzungen heranzuziehen sind, die vor dem Anmeldetag der
deutschen Anmeldung bei einem Patentamt eingereicht wurden bzw. der Öffentlichkeit
zugänglich gemacht wurden. Außerdem ergeben sich auch für die Nachanmeldungen
Patentverletzungen bereits nach dem Anmeldetag der frühen deutschen Anmeldung.

Die Wirkung der Prioritätsinanspruchnahme ergibt sich jedoch ausschließlich für dieselben Gegenstände. Wird die Nachanmeldung mit einem Gegenstand ergänzt, der in der
Erstanmeldung nicht enthalten war, gilt für den zusätzlichen Gegenstand der Anmeldetag
der Nachanmeldung und nicht der Anmeldetag der Erstanmeldung.

Mit der Anwendung des rechtlichen Instruments der Priorität ergibt sich automatisch
eine Patentfamilie, deren Mitglieder durch einen gemeinsamen Zeitrang, soweit es sich

---

[1] Artikel 4 C Absatz 1 PVÜ.

um denselben Gegenstand in den Beschreibungen und den Ansprüchen handelt, verbunden sind.

Es ist empfehlenswert, die Prioritätsfrist auszuschöpfen. In der Praxis ist es nicht ungewöhnlich, dass im Laufe der Zeit, nachdem eine Anmeldung eingereicht wurde, weitere vorteilhafte Ausführungsformen der Erfindung entwickelt werden. Diese neuen Ausführungsformen können dann während der Prioritätsfrist gesammelt und in einer Nachanmeldung geschlossen aufgenommen werden.

Ist es geplant, mit Nachanmeldungen die Erfindung in ausländischen Staaten zu verfolgen, sollte man für die Erstanmeldung einen Prüfungsantrag stellen. Wird dieser Prüfungsantrag gleichzeitig mit der Einreichung der Anmeldeunterlagen gestellt, kann mit hoher Wahrscheinlichkeit innerhalb der einjährigen Prioritätsfrist ein erster amtlicher Bescheid zur Patentfähigkeit erwartet werden. Eine Entscheidung darüber, ob Nachanmeldungen in ausländischen Staaten aussichtsreich sind, kann dann auf Basis einer Bewertung der Erfindung durch das Patentamt erfolgen.

4.2.1 Innere Priorität

Nach dem deutschen Patentgesetz gibt es die Möglichkeit, dass eine spätere deutsche Patentanmeldung die Priorität einer früheren deutschen Patentanmeldung in Anspruch nimmt.[2] Allerdings gilt die erste Anmeldung nach der Inanspruchnahme der inneren Priorität als zurückgenommen.[3]

Auch von einem Gebrauchsmuster kann die innere Priorität durch eine spätere Patentanmeldung in Anspruch genommen werden. In diesem Fall greift die Rücknahmefiktion nicht.[4] Das bedeutet, dass in einer Patentfamilie bis zu zwei deutsche Schutzrechte mit demselben Inhalt, nämlich ein Gebrauchsmuster und eine Patentanmeldung bzw. Patent, enthalten sein können.

4.2.2 Kettenpriorität

Der Begriff der „Kettenpriorität" meint, dass die Priorität einer ersten Anmeldung durch das Einreichen einer zweiten Anmeldung in Anspruch genommen wird und dass dieses Inanspruchnehmen der Priorität durch eine dritte, eine vierte und eine fünfte Anmeldung fortgesetzt wird. In diesem Fall könnte durch das Einreichen einer Sequenz von Anmeldungen eine Erfindung immer wieder aufs Neue beansprucht werden, wodurch ein Patentschutz beliebig verlängert werden könnte. Diese Strategie würde der gesetzlich

---

[2] § 40 Absatz 1 Patentgesetz.

[3] § 40 Absatz 5 Satz 1 Patentgesetz.

[4] § 40 Absatz 5 Satz 2 Patentgesetz.

festgelegten maximalen Laufzeit eines Patents von 20 Jahren zuwiderlaufen.[5] Eine Kettenpriorität ist daher nicht statthaft.

Allerdings kann die maximale Laufzeit von 20 Jahren immerhin durch die einmalige Inanspruchnahme einer Priorität um ein Jahr verlängert werden, sodass eine Erfindung maximal 21 Jahre rechtlich geschützt werden kann.

Wird in einer späteren Anmeldung, die die Priorität einer früheren Anmeldung in Anspruch nimmt, ein neuer Gegenstand beschrieben, der in der ersten Anmeldung nicht enthalten war, beginnt ab dem Anmeldetag der zweiten Anmeldung für diesen neuen Gegenstand eine neue Prioritätsfrist von 12 Monaten.

4.3   Europäische Patentanmeldung

Mit einer europäischen Patentanmeldung kann ein europäisches Patent in allen Staaten des Europäischen Patentübereinkommens EPÜ angestrebt werden. Das Europäische Patentübereinkommen sieht ein gemeinsames Patenterteilungsverfahren vor. Nach der Erteilung des Patents zerfällt das europäische Patent in nationale Anteile. Der Anmelder benennt nach der Patenterteilung die Staaten für die er ein europäisches Patent erhalten möchte. Für diese Staaten sind dann zukünftig Jahresgebühren an die nationalen Patentämter zu entrichten. Die Mitgliedsstaaten des EPÜ sind in der Tab. 4.1 aufgelistet. Die Staaten sind nach ihrem Beitrittsdatum geordnet.

4.4   Internationale Anmeldung

Mit einer internationalen Anmeldung sichert sich der Anmelder das Recht, seine Erfindung in nahezu allen Staaten der Erde als Patentanmeldung mit dem Anmeldetag der internationalen Anmeldung und eventuell unter Inanspruchnahme der Priorität einer nationalen Patentanmeldung zu schützen. Die gesetzliche Grundlage einer internationalen Anmeldung stellt der Patent Cooperation Treaty PCT (Patentzusammenarbeitsvertrag) dar. Dem Verbund des PCT gehören aktuell 154 Vertragsstaaten an.

Mit einer internationalen Anmeldung kann der Beginn eines nationalen oder regionalen Anmeldeverfahrens um 30 bzw. 31 Monate hinausgezögert werden.[6] Nimmt die internationale Anmeldung eine Priorität in Anspruch verringert sich der Zeitraum von 30 bzw. 31 Monate um die Tage, die zwischen dem Anmeldetag des prioritätsbegründenden Patentdokuments und dem Anmeldetag der internationalen Anmeldung

---

[5] § 16 Patentgesetz.

[6] Beispielsweise kann für Deutschland, Italien und Frankreich der Beginn des nationalen Anmeldeverfahrens um maximal 30 Monate hinausgezögert werden, während beispielsweise für Großbritannien, Norwegen und Australien sogar eine Verzögerung um bis zu 31 Monate möglich ist.

Tab. 4.1 Mitgliedsstaaten des Europäischen Patentübereinkommens EPÜ

Staat	Länderkürzel	Beitrittsdatum
Belgien	BE	7. Okt. 1977
Deutschland	DE	7. Okt. 1977
Frankreich	FR	7. Okt. 1977
Luxemburg	LU	7. Okt. 1977
Niederlande	NL	7. Okt. 1977
Schweiz	CH	7. Okt. 1977
Großbritannien	GB	7. Okt. 1977
Schweden	SE	1. Mai 1978
Italien	IT	1. Dez. 1978
Österreich	AT	1. Mai 1979
Liechtenstein	LI	1. Apr. 1980
Griechenland	GR	1. Okt. 1986
Spanien	ES	1. Okt. 1986
Dänemark	DK	1. Jan. 1990
Monaco	MC	1. Dez. 1991
Portugal	PT	1. Jan. 1992
Irland	IE	1. Aug. 1992
Finnland	FI	1. März 1996
Zypern	CY	1. Apr. 1998
Türkei	TR	1. Nov. 2000
Bulgarien	BG	1. Juli 2002
Tschechien	CZ	1. Juli 2002
Estland	EE	1. Juli 2002
Slowakei	SK	1. Juli 2002
Slowenien	SI	1. Dez. 2002
Ungarn	HU	1. Jan. 2003
Rumänien	RO	1. März 2003
Polen	PL	1. März 2004
Island	IS	1. Nov. 2004
Litauen	LT	1. Dez. 2004
Lettland	LV	1. Juli 2005
Malta	MT	1. März 2007
Kroatien	HR	1. Jan. 2008
Norwegen	NO	1. Jan. 2008
Nordmazedonien	MK	1. Jan. 2009
San Marino	SM	1. Juli 2009
Albanien	AL	1. Mai 2010
Serbien	RS	1. Okt. 2010

liegen. Maximal ist der durch die internationale Anmeldung gewonnene Zeitraum daher 18 bzw. 19 Monate, falls zuvor die Prioritätsfrist von 12 Monaten voll ausgeschöpft wurde.

Eine internationale Anmeldung ist nicht ein Ziel, denn es gibt kein internationales Patent. Stattdessen soll mit einer internationalen Patentanmeldung die Entscheidung, in welchem Land eine Nachanmeldung angemeldet werden soll, hinausgezögert werden. Reicht die Prioritätsfrist von einem Jahr nicht aus, um eine endgültige Entscheidung zu treffen, bietet sich eine internationale Anmeldung an.

Ein Vorteil einer internationalen Anmeldung ist darin zu sehen, dass durch die zeitlich lange Aufschiebung der Entscheidung von 30 bzw. 31 Monate, in welchen Ländern eine Nachanmeldung verfolgt werden soll, für eine Erstanmeldung, die prioritätsbegründend für die internationale Anmeldung sein kann, bereits eine Entscheidung über die Patentfähigkeit ergangen sein kann. Zumindest kann bereits ein zweiter amtlicher Bescheid vorliegen, aus dem mit hoher Wahrscheinlichkeit der voraussichtliche Ausgang des Erteilungsverfahrens ableitbar ist. Eine Entscheidung über ausländische Schutzrechte auf Basis der internationalen Anmeldung kann daher fundiert getroffen werden. Die Mitgliedsstaaten des Patent Cooperation Treaty sind in der Tab. 4.2 aufgelistet. Die Staaten sind nach ihrem Länderkürzel geordnet.

Neben einzelnen Staaten können mit einer internationalen Anmeldung für ganze Regionen Schutzrechte angestrebt werden. Es kann eine Patentanmeldung beim europäischen Patentamt EPA, beim ARIPO (African Regional Intellectual Property Organization), bei der EAPO (Eurasian Patent Office) und bei der OAPI (Organisation Africaine de la Propriété Intellectuelle) beantragt werden.

4.5   Teilanmeldung

Mit einer Teilanmeldung kann ein Teil aus einer bestehenden Anmeldung herausgelöst werden und mit einer separaten Anmeldung weiterverfolgt werden. Es ist alternativ möglich, die komplette Anmeldung zu duplizieren und als zusätzliche, parallele Anmeldung einzureichen. Die zweite Variante stellt in der Praxis den Normalfall einer Teilanmeldung dar.

Das Doppelpatentierungsverbot bzw. Doppelschutzverbot bestimmt, dass es kein legitimes Interesse sein kann, denselben Gegenstand mehrmals durch ein Patent zu schützen. Das Doppelpatentierungsverbot erstreckt sich auch auf eine Teilanmeldung. Wird daher versucht durch eine Stammanmeldung und eine Teilanmeldung denselben Gegenstand zu schützen, wird das Patentamt dies nicht zulassen. Es besteht ein Rechtsanspruch, einen Gegenstand einmal durch ein Patent zu schützen. Wurde bereits ein Patent auf eine Erfindung erteilt, ist der Rechtsanspruch auf Patenterteilung erschöpft. Eine nochmalige Patenterteilung desselben Gegenstands wird als rechtsmissbräuchlich abgelehnt.

Tab. 4.2 Mitgliedsstaaten des Patent Cooperation Treaty PCT

Staat	Länderkürzel	Beitrittsdatum
Vereinigte Arabische Emirate	AE	10. März 1999
Antigua und Barbuda	AG	17. März 2000
Albanien	AL	4. Oktober 1995
Armenien	AM	25. Dezember 1991
Angola	AO	27. Dezember 2007
Österreich	AT	23. April 1979
Australien	AU	31. März 1980
Aserbaidschan	AZ	25. Dezember 1995
Bosnien und Herzegowina	BA	7. September 1996
Barbados	BB	12. März 1985
Belgien	BE	14. Dezember 1981
Burkina Faso	BF	21. März 1989
Bulgarien	BG	21. Mai 1984
Bahrain	BH	18. März 2007
Benin	BJ	26. Februar 1987
Brunei Darussalam	BN	24. Juli 2012
Brasilien	BR	9. April 1978
Botswana	BW	30. Oktober 2003
Belarus	BY	25. Dezember 1991
Belize	BZ	17. Juni 2000
Kanada	CA	2. Januar 1990
Zentralafrikanische Republik	CF	24. Januar 1978
Kongo	CG	24. Januar 1978
Schweiz	CH	24. Januar 1978
Côte d'Ivoire	CI	30. April 1991
Chile	CL	2. Juni 2009
Kamerun	CM	24. Januar 1978
China	CN	1. Januar 1994
Kolumbien	CO	28. Februar 2001
Costa Rica	CR	3. August 1999
Kuba	CU	16. Juli 1996
Zypern	CY	1. April 1998
Tschechien	CZ	1. Januar 1993
Deutschland	DE	24. Januar 1978
Dschibuti	DJ	23. September 2016

(Fortsetzung)

Tab. 4.2 (Fortsetzung)

Staat	Länderkürzel	Beitrittsdatum
Dänemark	DK	1. Dezember 1978
Dominica	DM	7. August 1999
Dominikanische Republik	DO	28. Mai 2007
Algerien	DZ	8. März 2000
Ecuador	EC	7. Mai 2001
Estland	EE	24. August 1994
Ägypten	EG	6. September 2003
Spanien	ES	16. November 1989
Finnland	FI	1. Oktober 1980
Frankreich	FR	25. Februar 1978
Gabun	GA	24. Januar 1978
Großbritannien	GB	24. Januar 1978
Grenada	GD	22. September 1998
Georgien	GE	25. Dezember 1991
Ghana	GH	26. Februar 1997
Gambia	GM	9. Dezember 1997
Guinea	GN	27. Mai 1991
Äquatorialguinea	GQ	17. Juli 2001
Griechenland	GR	9. Oktober 1990
Guatemala	GT	14. Oktober 2006
Guinea-Bissau	GW	12. Dezember 1997
Honduras	HN	20. Juni 2006
Kroatien	HR	1. Juli 1998
Ungarn	HU	27. Juni 1980
Indonesien	ID	5. September 1997
Irland	IE	1. August 1992
Israel	IL	1. Juni 1996
Indien	IN	7. Dezember 1998
Iran (Islamische Republik)	IR	4. Oktober 2013
Island	IS	23. März 1995
Italien	IT	28. März 1985
Jamaika	JM	10. Februar 2022
Jordanien	JO	9. Juni 2017
Japan	JP	1. Oktober 1978
Kenia	KE	8. Juni 1994

(Fortsetzung)

Tab. 4.2 (Fortsetzung)

Staat	Länderkürzel	Beitrittsdatum
Kirgisistan	KG	25. Dezember 1991
Kambodscha	KH	8. Dezember 2016
Komoren	KM	3. April 2005
St. Kitts und Nevis	KN	27. Oktober 2005
Demokratische Volksrepublik, Nordkorea	KP	8. Juli 1980
Republik Korea, Südkorea	KR	10. August 1984
Kuwait	KW	9. September 2016
Kasachstan	KZ	25. Dezember 1991
Demokratische Volksrepublik Laos	LA	14. Juni 2006
Saint Lucia	LC	30. August 1996
Liechtenstein	LI	19. März 1980
Sri Lanka	LK	26. Februar 1982
Liberia	LR	27. August 1994
Lesotho	LS	21. Oktober 1995
Litauen	LT	5. Juli 1994
Luxemburg	LU	30. April 1978
Lettland	LV	7. September 1993
Libyen	LY	15. September 2005
Marokko	MA	8. Oktober 1999
Monaco	MC	22. Juni 1979
Republik Moldau	MD	25. Dezember 1991
Montenegro	ME	3. Juni 2006
Madagaskar	MG	24. Januar 1978
Nordmazedonien	MK	10. August 1995
Mali	ML	19. Oktober 1984
Mongolei	MN	27. Mai 1991
Mauretanien	MR	13. April 1983
Malta	MT	1. März 2007
Malawi	MW	24. Januar 1978
Mexiko	MX	1. Januar 1995
Malaysia	MY	16. August 2006
Mosambik	MZ	18. Mai 2000
Namibia	NA	1. Januar 2004
Niger	NE	21. März 1993
Nigeria	NG	8. Mai 2005

(Fortsetzung)

Tab. 4.2 (Fortsetzung)

Staat	Länderkürzel	Beitrittsdatum
Nicaragua	NI	6. März 2003
Niederlande	NL	10. Juli 1979
Norwegen	NO	1. Januar 1980
Neuseeland	NZ	1. Dezember 1992
Oman	OM	26. Oktober 2001
Panama	PA	7. September 2012
Peru	PE	6. Juni 2009
Papua-Neuguinea	PG	14. Juni 2003
Philippinen	PH	17. August 2001
Polen	PL	25. Dezember 1990
Portugal	PT	24. November 1992
Katar	QA	3. August 2011
Rumänien	RO	23. Juli 1979
Serbien	RS	1. Februar 1997
Russische Föderation	RU	29. März 1978
Ruanda	RW	31. August 2011
Saudi-Arabien	SA	3. August 2013
Seychellen	SC	7. November 2002
Sudan	SD	16. April 1984
Schweden	SE	17. Mai 1978
Singapur	SG	23. Februar 1995
Slowenien	SI	1. März 1994
Slowakei	SK	1. Januar 1993
Sierra Leone	SL	17. Juni 1997
San Marino	SM	14. Dezember 2004
Senegal	SN	24. Januar 1978
São Tomé und Príncipe	ST	3. Juli 2008
El Salvador	SV	17. August 2006
Arabische Republik Syrien	SY	26. Juni 2003
Eswatini	SZ	20. September 1994
Tschad	TD	24. Januar 1978
Togo	TG	24. Januar 1978
Thailand	TH	24. Dezember 2009
Tadschikistan	TJ	25. Dezember 1991
Turkmenistan	TM	25. Dezember 1991

(Fortsetzung)

Tab. 4.2 (Fortsetzung)

Staat	Länderkürzel	Beitrittsdatum
Tunesien	TN	10. Dezember 2001
Türkei	TR	1. Januar 1996
Trinidad und Tobago	TT	10. März 1994
Vereinigte Republik Tansania	TZ	14. September 1999
Ukraine	UA	25. Dezember 1991
Uganda	UG	9. Februar 1995
USA/Vereinigte Staaten von Amerika	US	24. Januar 1978
Usbekistan	UZ	25. Dezember 1991
St. Vincent und die Grenadinen	VC	6. August 2002
Vietnam	VN	10. März 1993
Samoa	WS	2. Januar 2020
Südafrika	ZA	16. März 1999
Sambia	ZM	15. November 2001
Simbabwe	ZW	11. Juni 1997

4.6   Gebrauchsmusterabzweigung

Mit einer Gebrauchsmusterabzweigung kann ein deutsches Gebrauchsmuster aus einer deutschen Patentanmeldung erhalten werden.[7] Hierdurch ergeben sich für denselben Gegenstand zwei parallele Schutzrechte in Deutschland.

Der Schutz desselben Gegenstands durch ein Patent und ein paralleles Gebrauchsmuster widerspricht nicht dem Doppelschutzverbot. Der Grund ist in den unterschiedlichen Anwendungsmöglichkeiten und den verschiedenen Bewertungen der Rechtsbeständigkeit aufgrund des eingeschränkten Stands der Technik für das Gebrauchsmuster zu sehen. Aus dieser Perspektive ergeben sich ausreichend Unterscheidungspunkte, die zu einer Verneinung einer Rechtsmissbräuchlichkeit eines Patents und eines parallelen Gebrauchsmusters führen.

---

[7] § 5 Absatz 1 Satz 1 Gebrauchsmustergesetz.

4.7   Gegenstände der Schutzrechte einer Patentfamilie

Die Gegenstände der Schutzrechte einer Patentfamilie müssen nicht identisch sein. Eine Teilanmeldung kann einen kleineren Teil der ursprünglichen Anmeldung umfassen, aber es ist nicht möglich, dass eine Teilanmeldung einen größeren Umfang im Vergleich zur Stammanmeldung aufweist. Bei einer Gebrauchsmusterabzweigung hat das sich ergebende Gebrauchsmuster und die ursprüngliche Patentanmeldung identische Inhalte.

Bei der Inanspruchnahme einer Priorität kann die spätere Anmeldung einen kleineren Inhalt, einen identischen Inhalt oder einen größeren Inhalt aufweisen. Es gilt, dass für alle Gegenstände der späteren Patentanmeldung, die bereits in der früheren Anmeldung enthalten sind, der Anmeldetag der früheren Anmeldung fingiert wird. Allen neu hinzugekommenen Gegenständen in der späteren Anmeldung wird der Anmeldetag der späteren Anmeldung zugeordnet.

4.8   Beispiele

Es werden typische Beispiele von Patentfamilien vorgestellt.

4.8.1   Deutsche Anmeldung als Erstanmeldung

Eine deutsche Anmeldung, Patent- oder Gebrauchsmusteranmeldung, wird oft als prioritätsbegründendes Dokument genutzt. Hierdurch sichert man sich in einem ersten Schritt rechtlichen Schutz für das Hoheitsgebiet der Bundesrepublik Deutschland. Ausgehend von der deutschen Anmeldung kann entschieden werden, ob und für welche ausländischen Länder Patentschutz benötigt wird.

Zunächst eine deutsche Anmeldung zu beantragen, und dann die Prioritätsfrist zu nutzen, um den Erfindungsschutz auf andere ausländische Länder auszudehnen, ist eine probate Methode, kostengünstig das Patentrecht zu nutzen. Während der Prioritätsfrist sollte die wirtschaftliche Bedeutung der zum Patent angemeldeten Erfindung ermittelt werden und entschieden werden, für welche Länder Patentschutz benötigt wird.

Wird gleichzeitig mit der Einreichung der Anmeldung ein Prüfungsantrag gestellt, kann erwartet werden, dass der erste Prüfungsbescheid des Patentamts vor Ablauf der Prioritätsfrist dem Anmelder vorliegt.[8] Hierdurch kann eine Abschätzung der Patentwürdigkeit der Erfindung auf Basis einer amtlichen Bewertung und der hierbei ermittelten Dokumente des Stands der Technik vorgenommen werden.

Diese Vorgehensweise ist selbst dann zu empfehlen, falls eine europäische Patentanmeldung angestrebt wird, also die deutsche Patentanmeldung nicht weiterverfolgt wird,

---

[8] § 44 Absatz 1 Patentgesetz.

da es zur Unwirksamkeit des deutschen Patents im Umfang des Schutzbereichs des europäischen Patents kommt.[9] Der Erkenntnisgewinn des amtlichen Prüfbescheids über die möglichen Patentierungschancen ist regelmäßig höher einzuschätzen als die amtliche Gebühr für das Stellen des Prüfungsantrags.[10]

4.8.2 US-amerikanische Anmeldung als Erstanmeldung

Es kann empfehlenswert sein, als erste Anmeldung eine US-amerikanische Anmeldung einzureichen. Dies gilt insbesondere für Erfindungen, die sich mit Software befassen. Das deutsche Patentamt ist bezüglich Softwareanmeldungen relativ restriktiv, da „Software als solche" nicht patentfähig ist.[11] Aus diesem Grund sind Softwareanmeldungen bei dem US-amerikanischen Patentamt USPTO besser aufgehoben und sehen einer höheren Erteilungschance entgegen. Das europäische Patentamt ist bezüglich Softwareanmeldungen erteilungsfreudiger als das deutsche Patentamt. Allerdings ist das europäische Patentamt dennoch deutlich restriktiver bezüglich Softwareanmeldungen im Vergleich zum US-amerikanischen Patentamt USPTO.

4.8.3 Deutsche Erstanmeldung und ausländische, nationale Nachanmeldung

Bei dieser Anmeldestrategie wird zunächst eine deutsche Anmeldung eingereicht und innerhalb der Prioritätsfrist eine ausländische Anmeldung unter Inanspruchnahme der Priorität der deutschen Anmeldung beim betreffenden ausländischen Patentamt beantragt.

Es sollte sofort nach oder mit dem Einreichen der deutschen Anmeldung ein Prüfungsantrag gestellt werden, um innerhalb der Prioritätsfrist einen ersten Prüfungsbescheid zu erhalten, um die Chancen einer ausländischen Nachanmeldung anhand eines amtlichen Prüfbescheids bewerten zu können.

Sollen nur in einem, zwei oder drei ausländischen Staaten ein Schutzrecht erworben werden, ist diese Anmeldestrategie wahrscheinlich die kostengünstigste Vorgehensweise. Diese Patentanmeldestrategie ist empfehlenswert, falls in Europa ein deutsches Patent genügt und insbesondere die Märkte USA, China, Japan und Korea rechtlich geschützt werden sollen.

---

[9] Artikel II § 8 Absatz 1 IntPatÜbkG.

[10] Die Gebühr für einen Prüfungsantrag, ohne dass zuvor ein Rechercheantrag gestellt wurde, beträgt aktuell 350 €. DPMA, https://www.dpma.de/service/gebuehren/patente/index.html, abgerufen am 06.01.2022.

[11] § 1 Absatz 3 Nr. 3 und Absatz 4 Patentgesetz.

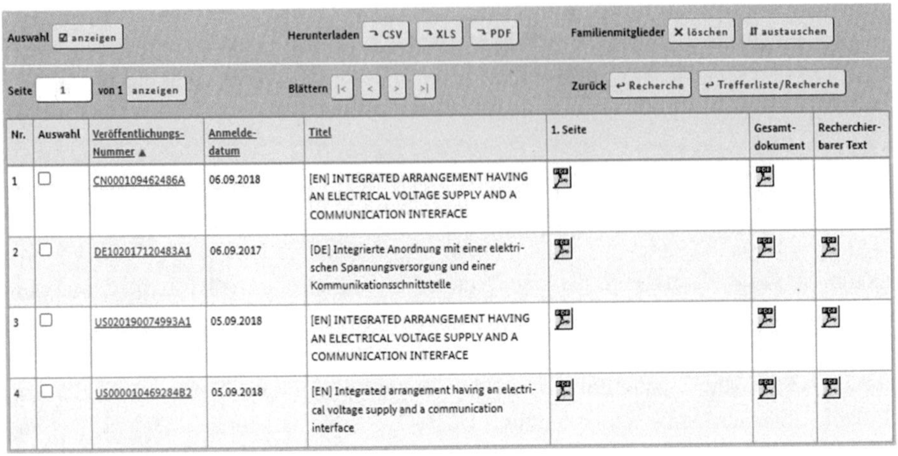

Nr.	Auswahl	Veröffentlichungs-Nummer ▲	Anmelde-datum	Titel	1. Seite	Gesamt-dokument	Recherchier-barer Text
1	☐	CN000109462486A	06.09.2018	[EN] INTEGRATED ARRANGEMENT HAVING AN ELECTRICAL VOLTAGE SUPPLY AND A COMMUNICATION INTERFACE	PDF	PDF	
2	☐	DE102017120483A1	06.09.2017	[DE] Integrierte Anordnung mit einer elektrischen Spannungsversorgung und einer Kommunikationsschnittstelle	PDF	PDF	PDF
3	☐	US020190074993A1	05.09.2018	[EN] INTEGRATED ARRANGEMENT HAVING AN ELECTRICAL VOLTAGE SUPPLY AND A COMMUNICATION INTERFACE	PDF	PDF	PDF
4	☐	US000010469284B2	05.09.2018	[EN] Integrated arrangement having an electrical voltage supply and a communication interface	PDF	PDF	PDF

Abb. 4.1 Beispiel 1 einer Patentfamilie der Balluff GmbH

Die Abb. 4.1 zeigt eine Patentfamilie der Balluff GmbH, die diese Patentanmeldestrategie verwirklicht. Die Liste wurde der Datenbank des deutschen Patentamts entnommen.[12] Nachfolgend werden anhand von Patentfamilien der Balluff GmbH die jeweils diskutierten Patentanmeldestrategien veranschaulicht. Die Balluff GmbH ist ein weltweit tätiges Unternehmen im Bereich der Automation und Sensortechnik. Das Unternehmen wurde 1921 gegründet und beschäftigt aktuell ca. 3600 Mitarbeiter. Im Jahr 2021 wurde ein Umsatz von ca. 410 Mio. Euro erwirtschaftet.[13]

Die Patentfamilie „Integrierte Anordnung mit einer elektrischen Spannungsversorgung und einer Kommunikationsschnittstelle" umfasst vier Schutzrechte, nämlich eine deutsche Anmeldung DE 10 2017 120483 A1 (Anmeldedatum: 06.09.2017), eine US-Anmeldung US 20190074993 A1 (Anmeldedatum: 05.09.2018), die bereits zu einem Patent führte (US 10469284 B2, Anmeldedatum: 05.09.2018), und eine chinesische Anmeldung CN 109462486 A (Anmeldedatum: 06.09.2018). Bei der Patentfamilie wurde zunächst die deutsche Anmeldung eingereicht und danach eine US-amerikanische und eine chinesische Anmeldung, die jeweils die Priorität der deutschen Anmeldung in Anspruch nehmen. In der Abb. 4.2 ist die grundlegende Vorgehensweise schematisch veranschaulicht.

[12] DPMA, https://depatisnet.dpma.de/DepatisNet/depatisnet?window=1&space=main&content=familie&action=treffer&fromResultList=1&docid=DE102017120483A1&so=asc&sf=vn&firstdoc=1&famSearchFromHitlist=1, abgerufen am 21.01.2022.

[13] Balluff GmbH, https://www.balluff.com, abgerufen am 21.01.2022.

Abb. 4.2 Deutsche Erstanmeldung und nationale, ausländische Nachanmeldungen

4.8.4 Deutsche Erstanmeldung und europäische Nachanmeldung

Eine weitere typische Konstellation ergibt sich, falls zunächst eine deutsche Patentanmeldung eingereicht wird und darauf eine europäische Patentanmeldung beim EPA beantragt wird, wobei die europäische Patentanmeldung die Priorität der deutschen Anmeldung in Anspruch nimmt.

Diese Patentanmeldestrategie ist sinnvoll, falls mit der deutschen Anmeldung zunächst Zeit gewonnen werden soll, um die wirtschaftliche Bedeutung der zugrunde liegenden Erfindung zu ermitteln. Außerdem kann gleichzeitig mit der Einreichung der Anmeldeunterlagen ein Prüfungsantrag gestellt werden, um innerhalb der 12-monatigen Prioritätsfrist eine amtliche Bewertung der Chancen auf Patentierung in Form eines amtlichen Prüfbescheids zu erhalten.

Es kann durchaus parallel ein deutsches Patent und ein europäisches Patent zur Erteilung gebracht werden. Allerdings gilt ein Verbot der Doppelpatentierung. Das deutsche Patent verliert in dem Umfang seine Wirksamkeit, in dem das europäische Patent denselben Schutzbereich aufweist. Die Wirksamkeit des Schutzumfangs des deutschen Patents, der nicht vom parallelen europäischen Patent umfasst wird, bleibt bestehen.[14] Durch das Verbot der Doppelpatentierung soll es einem Dritten erspart werden, gegen mehrere Schutzrechte vorgehen zu müssen, um einen nicht rechtsbeständigen Schutzbereich zu beseitigen.

Die Abb. 4.3 zeigt die Anmeldestrategie mit einer deutschen Anmeldung als Erstanmeldung und einer europäischen Nachanmeldung gemäß dem Europäischen Patentübereinkommen EPÜ. Nach der Patenterteilung ergeben sich nationale, europäische Patente in denjenigen Staaten, die der Anmelder benannt hat.

4.8.5 Deutsche Erstanmeldung und internationale Nachanmeldung

Ein typischer Aufbau einer Patentfamilie ergibt sich, falls zunächst eine deutsche Patentanmeldung prioritätsbegründend beim deutschen Patentamt eingereicht wird und später

---

[14]Artikel II § 8 Absatz 1 IntPatÜbkG.

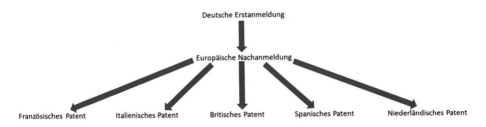

Abb. 4.3 Deutsche Erstanmeldung und europäische Nachanmeldung

Nr.	Auswahl	Veröffentlichungs-Nummer ▲	Anmelde-datum	Titel	1. Seite	Gesamt-dokument	Recherchier-barer Text
1	☐	CN000109314296B	15.02.2017		🔁	🔁	
2	☐	CN000109314296A	15.02.2017	[EN] WAVEGUIDE-COUPLING DEVICE AND POSITION SENSOR DEVICE FOR A HYDRAULIC CYLINDER, HYDRAULIC CYLINDER AND METHOD FOR OPERATING A WAVEGUIDE-COUPLING DEVICE	🔁	🔁	
3	☐	DE102016106747B4	12.04.2016	[DE] Wellenleiter-Kopplungsvorrichtung und Positionssensorvorrichtung für einen Hydraulikzylinder, Hydraulikzylinder, sowie Verfahren zum Betrei-ben einer Wellenleiter-Kopplungsvorrichtung …	🔁	🔁	🔁
4	☐	DE102016106747A1	12.04.2016	[DE] Wellenleiter-Kopplungsvorrichtung und Positionssensorvorrichtung für einen Hydraulikzylinder, Hydraulikzylinder, sowie Verfahren zum Betrei-ben einer Wellenleiter-Kopplungsvorrichtung …	🔁	🔁	🔁
5	☐	US02019020728SA1	15.02.2017	[EN] WAVEGUIDE-COUPLING DEVICE AND POSITION SENSOR DEVICE FOR A HYDRAULIC CYLINDER, HYDRAULIC CYLINDER AND METHOD FOR OPERATING A WAVEGUIDE-COUPLING DEVICE	🔁	🔁	🔁
6	☐	US000010892537B2	15.02.2017	[EN] Waveguide-coupling device and position sensor device for a hydraulic cylinder, hydraulic cylinder and method for operating a waveguide-cou-pling device	🔁	🔁	🔁
7	☐	WO002017178001A1	15.02.2017	[DE] WELLENLEITER-KOPPLUNGSVORRICHTUNG UND POSITIONSSENSORVORRICHTUNG FÜR EINEN HYDRAULIKZYLINDER, HYDRAULIK-ZYLINDER, SOWIE VERFAHREN ZUM BETREIBEN EINER WELLENLEITER-KOPPLUNGSVORRICHTUNG …	🔁	🔁	🔁

Abb. 4.4 Beispiel 2 einer Patentfamilie der Balluff GmbH

eine internationale Anmeldung die Priorität der deutschen Anmeldung in Anspruch nimmt. Aus der internationalen Anmeldung können sich nationale, ausländische oder regionale Patentanmeldungen ergeben, beispielsweise eine europäische Patentanmeldung.

Die Patentfamilie „Wellenleiter-Kopplungsvorrichtung und Positionssensorvorrichtung für einen Hydraulikzylinder" der Balluff GmbH (siehe Abb. 4.4[15]) umfasst sieben Schutz-rechte, nämlich die deutsche Anmeldung DE 10 2016 106747 A1 (Anmeldedatum: 12.04.2016), die bereits zum Patent DE 10 2016 106747 B4 (Anmeldedatum: 12.04.2016) geführt hat. Es wurde eine internationale Anmeldung WO 2017/178001 A1 (Anmelde-datum: 15.02.2017) eingereicht, die die Priorität der deutschen Anmeldung in Anspruch nimmt. Aus dieser internationalen Anmeldung ist eine chinesische Anmeldung hervor-gegangen (CN 109314296 A, Anmeldedatum: 15.02.2017), die bereits zum Patent CN 109314296B (Anmeldedatum: 15.02.2017) geführt hat. Außerdem ergab sich aus der

---

[15] DPMA, https://depatisnet.dpma.de/DepatisNet/depatisnet?window=1&space=main&content=f amilie&action=treffer&fromResultList=1&docid=DE102016106747A1&so=asc&sf=vn&firstd oc=1&famSearchFromHitlist=1, abgerufen am 21.01.2022.

Abb. 4.5   Deutsche Erstanmeldung und internationale Nachanmeldung

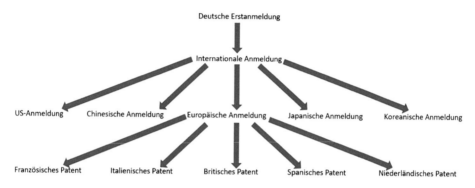

Abb. 4.6   Deutsche Erstanmeldung, internationale und europäische Nachanmeldung

internationalen Anmeldung eine US-Anmeldung US 20190207285 A1 (Anmeldedatum: 15.02.2017), die ebenfalls bereits zum Patent geführt hat (US 10892537 B2, Anmeldedatum: 15.02.2017).

Die Abb. 4.5 stellt die Vorgehensweise mit einer internationalen Anmeldung schematisch dar. Die Abb. 4.6 zeigt diese Vorgehensweise mit einer zusätzlichen europäischen Anmeldung, die aus einer internationalen Anmeldung folgt.

4.8.6   Europäische Erstanmeldung und nationale Nachanmeldungen

Eine europäische Patentanmeldung wird als erste Anmeldung eingereicht, wenn es von Anfang an klar ist, dass sofort ein Patentschutz in zumindest einigen der Mitgliedsstaaten des Europäischen Patentübereinkommens EPÜ benötigt wird.

Eine europäische Patentanmeldung ist immer dann zu empfehlen, falls für mindestens drei bis fünf Länder in Europa Patentschutz angestrebt wird. Andernfalls kann Patentschutz durch nationale Patente kostengünstiger erworben werden.

Nr.	Auswahl	Veröffentlichungs-Nummer ▲	Anmelde-datum	Titel	1. Seite	Gesamt-dokument	Recherchier-barer Text
1	☐	CN000112712156A	23.10.2020	[EN] IDENTIFICATION ELEMENT FOR A SHAFT TOOL	📄	📄	
2	☐	EP00000381259801	25.10.2019	[DE] IDENTIFIKATIONSELEMENT FÜR EIN SCHAFTWERKZEUG [EN] IDENTIFICATION ELEMENT FOR A SHAFT TOOL [FR] ÉLÉMENT D'IDENTIFICATION D'UN OUTIL À …	📄	📄	📄
3	☐	EP00003812598A1	25.10.2019	[DE] IDENTIFIKATIONSELEMENT FÜR EIN SCHAFTWERKZEUG [EN] IDENTIFICATION ELEMENT FOR A SHAFT TOOL [FR] ÉLÉMENT D'IDENTIFICATION D'UN OUTIL À …	📄	📄	📄
4	☐	US020210125023A1	20.10.2020	[EN] Identification Element for a Shank Tool	📄	📄	📄

Abb. 4.7 Beispiel 3 einer Patentfamilie der Balluff GmbH

Die europäische Patentanmeldung kann prioritätsbegründend beispielsweise für eine internationale Anmeldung, eine US-amerikanische, eine chinesische, eine japanische oder eine koreanische Anmeldung genutzt werden.

Eine Patentanmeldestrategie mit einer internationalen Anmeldung, die die Priorität einer europäischen Anmeldung in Anspruch nimmt, ist sinnvoll, falls es von Anfang an klar ist, dass rechtlicher Schutz für europäische Staaten erforderlich ist und es ungewiss ist, in welche außereuropäischen Länder der Patentschutz erstreckt werden soll.

Eine typische Patentanmeldestrategie liegt vor, falls zunächst eine europäische Patentanmeldung eingereicht wird und sich daraus europäische nationale Patente, beispielsweise ein deutsches, ein britisches, ein französisches, ein italienisches, ein spanisches oder ein holländisches europäisches Patent ergeben. Außerdem können nationale, außereuropäische Schutzrechte unter Inanspruchnahme der Priorität der europäischen Patentanmeldung angestrebt werden, beispielsweise eine US-amerikanische, eine chinesische, eine koreanische (Süd-Korea) oder eine japanische Patentanmeldung.

Die Patentfamilie „Identifikationselement für ein Schaftwerkzeug" der Balluff GmbH umfasst eine europäische Anmeldung EP 3812598 A1 (Anmeldedatum: 25.10.2019), die bereits zum Patent EP 3812598 B1 (Anmeldedatum: 25.10.2019) geführt hat, eine US-Anmeldung US 20210125023 A1 (Anmeldedatum: 20.10.2020) und eine chinesische Anmeldung CN 112712156 A (Anmeldedatum: 23.10.2020), die die Priorität der europäischen Anmeldung in Anspruch nehmen (siehe Abb. 4.7[16]).

Die Abb. 4.8 stellt diese typische Patentanmeldestrategie in ihrer Entstehungsgeschichte schematisch dar.

---

[16] DPMA, https://depatisnet.dpma.de/DepatisNet/depatisnet?window=1&space=main&content=familie&action=treffer&fromResultList=1&docid=EP000003812598A1&so=asc&sf=vn&firstdoc=1&famSearchFromHitlist=1, abgerufen am 21.01.2022.

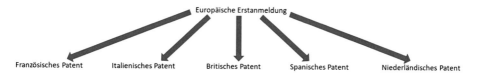

Abb. 4.8 Europäische Erstanmeldung

Nr.	Auswahl	Veröffentlichungs-Nummer ▲	Anmelde-datum	Titel	1. Seite	Gesamt-dokument	Recherchier-barer Text
1	☐	DE112014006216B4	20.01.2014	[DE] Magnetostriktiver Sensor zur Entfernungs- bzw. Positionsmessung	📄	📄	📄
2	☐	DE112014006216A5	20.01.2014	[DE] Magnetostriktiver Sensor zur Entfernungs- bzw. Positionsmessung	📄	📄	📄
3	☐	WO002015106732A1	20.01.2014	[DE] MAGNETOSTRIKTIVER SENSOR ZUR ENTFERNUNGS- BZW. POSITIONSMESSUNG [EN] MAGNETOSTRICTIVE SENSOR FOR MEASURING DISTANCE AND POSITION [FR] ..	📄	📄	📄

Abb. 4.9 Beispiel 4 einer Patentfamilie der Balluff GmbH

4.8.7 Internationale Erstanmeldung und nationale Nachanmeldungen

Eine internationale Anmeldung wird als Erstanmeldung eingereicht, wenn internationaler Patentschutz erforderlich ist. Insbesondere kann ein Patentschutz für die USA, China, Japan und Südkorea angestrebt werden.

Eine internationale Anmeldung als erste Anmeldung ist dann empfehlenswert, wenn es sich um eine sehr wertvolle Erfindung handelt, die unbedingt international rechtlich geschützt werden muss. Dies gilt insbesondere für eine Erfindung, die die Basis-Technologie eines Startups darstellt.

Die Patentfamilie „Magnetostriktiver Sensor zur Entfernungs- bzw. Positionsmessung" der Balluff GmbH umfasst eine internationale Anmeldung WO 2015/106732 A1 (Anmeldedatum: 20.01.2014), aus der eine deutsche Anmeldung DE 11 2014 006216 A5 (Anmeldedatum: 20.01.2014) hervorgegangen ist, die bereits zu einem Patent DE 11 2014 006216 B4 (Anmeldedatum: 20.01.2014) geführt hat (siehe Abb. 4.9[17]).

Die Abb. 4.10 zeigt diese typische Patentanmeldestrategie in schematischer Darstellung.

---

[17] DPMA, https://depatisnet.dpma.de/DepatisNet/depatisnet?window=1&space=main&content=familie&action=treffer&fromResultList=1&docid=WO002015106732A1&so=asc&sf=vn&firstdoc=1&famSearchFromHitlist=1, abgerufen am 21.01.2022.

Abb. 4.10 Internationale Erstanmeldung

4.8.8 Parallele deutsche und ausländische Patentanmeldungen

Es kann sinnvoll sein, sofort parallel in mehreren Ländern eine Erfindung zum Patent anzumelden, um möglichst schnell durchsetzungsfähige Schutzrechte zu haben. Das kann insbesondere dann empfehlenswert sein, falls bereits eine umfangreiche eigene Recherche auf relevanten Stand der Technik durchgeführt wurde und daher die Anmeldung entsprechend formuliert werden konnte, um mit großer Wahrscheinlichkeit patentfähig zu sein.

Diese Patentanmeldestrategie hat den Vorteil, dass in den einzelnen Ländern sehr schnell durchsetzungsfähige Schutzrechte vorhanden sind, mit denen der dortige Markt „sauber gehalten" werden kann. Imitationen können in einem sehr frühen Stadium bekämpft werden, wodurch die jeweiligen Wettbewerber nicht die Chance erhalten, einen Markt aufzubauen und nach erst spätem Wirksamwerden eines nationalen Patents auf Umgehungslösungen auszuweichen.

Ein weiterer Vorteil dieser Strategie kann darin gesehen werden, dass es für die jeweiligen befassten nationalen Patentämter keine amtlichen Bescheide fremder Patentämter gibt. Es ergibt sich daher notwendigerweise eine jeweils unabhängige Prüfung der Anmeldungen. Dadurch ergibt sich die Chance, in einzelnen Ländern sehr große Schutzbereiche zu erhalten, selbst wenn dies in anderen Staaten nicht erreicht werden kann. Eine amtlich koordinierte „Konvergenz" der Patenterteilung ist ausgeschlossen.

4.8.9 Deutsche Patentanmeldung und paralleles deutsches Gebrauchsmuster

Das Doppelschutzverbot[18] wird durch ein Patent und ein paralleles Gebrauchsmuster mit denselben Ansprüchen nicht verletzt. Eine derartige Anmeldestrategie eröffnet dem Anmelder zum einen die Chance auf ein geprüftes Schutzrecht auf Basis der eingereichten Patentanmeldeunterlagen und zum anderen steht dem Anmelder bereits

---

[18] Siehe Abschn. 4.5 Teilanmeldung.

nach wenigen Monaten ein durchsetzbares, vollwertiges Schutzrecht in Form des eingetragenen Gebrauchsmusters zur Verfügung.

Diese Anmeldestrategie ist insbesondere dann empfehlenswert, wenn die lange Schutzdauer des Patents von 20 Jahren benötigt wird und andererseits frühe Imitationen der Erfindung befürchtet werden, die zeitnah bekämpft werden müssen.

Anmeldestrategien unterschiedlicher Unternehmenstypen

5

Inhaltsverzeichnis

5.1   Einzelanmelder   64
5.2   Existenzgründer   64
5.3   Startup-Unternehmen.   65
      5.3.1   Beispiel: Carbonauten GmbH   66
      5.3.2   Beispiel: Toposens GmbH   70
5.4   Copycat-Unternehmen.   75
      5.4.1   Beispiel: Zalando SE   76
5.5   Etablierte Unternehmen   77
5.6   Kleine und mittlere Unternehmen (KMU).   77
5.7   Großunternehmen   78
      5.7.1   Beispiel: Gührung KG   78
      5.7.2   Beispiel: Trumpf Werkzeugmaschinen GmbH+Co. KG.   80
5.8   Internationale Großunternehmen.   82
      5.8.1   Beispiel: Robert Bosch GmbH.   82
      5.8.2   Beispiel: Daimler AG.   87

Es werden die typischen Patentanmeldestrategien unterschiedlicher Unternehmenstypen vorgestellt. Hierdurch kann eine Empfehlung für eine geeignete Anmeldestrategie für einen konkreten Einzelfall abgeleitet werden. Bei der Entscheidung, welche Patentanmeldestrategie die richtige ist, müssen insbesondere die Kriterien „angestrebte Verwertungsform", insbesondere Vergabe von Lizenzen oder eigene Herstellung und Vertrieb, „Unternehmensgröße" und „Zielmärkte" berücksichtigt werden.

Zur Erarbeitung einer Patentanmeldestrategie kann es sinnvoll sein, die Anmeldestrategien des Wettbewerbs zu betrachten. Hierdurch kann zum einen festgestellt werden, in welche technischen Entwicklungen die Konkurrenz ihre Ressourcen investiert.

© Der/die Autor(en), exklusiv lizenziert durch Springer-Verlag GmbH, DE, ein Teil von Springer Nature 2022
T. H. Meitinger, *Patentstrategien,* https://doi.org/10.1007/978-3-662-65089-9_5

Außerdem können die relevanten Auslandsmärkte der Konkurrenz ermittelt werden und eventuell erschließt sich eine Anmeldestrategie, die in abgewandelter Form für das eigene Unternehmen geeignet ist.

5.1 Einzelanmelder

Ein Einzelanmelder ist eine Person, die kein Unternehmen oder eine andere Organisation, beispielsweise ein universitäres Institut, zur Verfügung hat, um die Ausbeutung des Schutzrechts vorzunehmen. Ein Einzelanmelder wird versuchen, ein wertvolles Schutzrecht zu erhalten, also eines mit einem großen Schutzumfang, um dieses auszulizenzieren. Ein Einzelanmelder ist also darauf angewiesen, einen Lizenznehmer zu finden. Die Suche nach einem geeigneten Lizenznehmer kann mühselig und zeitaufwendig sein.

Der Einzelanmelder sollte bestrebt sein, möglichst schnell einen ersten amtlichen Bescheid zur Patentfähigkeit seiner Erfindung zu erhalten. Anhand eines amtlichen Prüfbescheids kann ein potenzieller Lizenznehmer feststellen, mit welchem Schutzbereich zu rechnen ist.

Außerdem sollte der Einzelanmelder einem potenziellen Lizenznehmer die Möglichkeit eröffnen können, in beliebigen Ländern der Erde einen Patentschutz zu erhalten. Die Strategie des Einzelanmelders sollte daher sein, gleichzeitig mit der Anmeldung der Erfindung zum deutschen Patent, einen Prüfungsantrag zu stellen. Hierdurch wird sichergestellt, dass innerhalb der Prioritätsfrist ein erster amtlicher Bescheid zur Patentfähigkeit vorliegt. Die einjährige Prioritätsfrist sollte genutzt werden, um einen Lizenznehmer zu finden. Das Schutzrecht kann dann noch auf beliebige Länder ausgedehnt werden.

Sollte es nicht gelingen, im ersten Jahr einen Lizenznehmer zu finden, wäre es eventuell sinnvoll, mit einer internationalen Anmeldung faktisch das Prioritätsrecht um mindestens eineinhalb Jahre auszudehnen und dadurch dem potenziellen Lizenzgeber weiterhin die Möglichkeit einzuräumen, das Schutzrecht auf die Länder auszurollen, die seine Vermarktungsstrategie erfordern.

5.2 Existenzgründer

Eine Existenzgründung ist eine Unternehmensgründung, die einen existierenden Markt mit bereits bekannten Produkten und Dienstleistungen versorgt. Bei der Existenzgründung steht nicht die Realisierung einer disruptiven Idee für einen noch zu schaffenden Markt im Fokus der geschäftlichen Tätigkeit. Allenfalls stehen Verbesserungen bestehender Produkte oder Dienstleistungen im Mittelpunkt der wirtschaftlichen Tätigkeit. Beispiele für Existenzgründungen sind Handwerksbetriebe, beispielsweise Friseursalons, oder freiberufliche Tätigkeiten, beispielsweise als Rechtsanwalt.

Es ist durchaus möglich, dass ein Existenzgründer seine wirtschaftliche Zukunft auf eine Verbesserung eines bestehenden Produkts aufbauen möchte. Diese Verbesserung sollte rechtlich abgesichert werden, um ein Alleinstellungsmerkmal aufbauen zu können. Außerdem sollte vor der Existenzgründung geklärt werden, ob das Produkt oder die Dienstleistung ohne die Verletzung fremder Schutzrechte benutzt bzw. ausgeübt werden kann. Diese Ausübungsfreiheit wird durch ein Freedom-to-operate-Gutachten geklärt.[1] Anhand des Freedom-to-operate-Gutachtens kann zusätzlich festgestellt werden, ob eine eigene Patentanmeldung Aussicht auf Erteilung hat.

5.3 Startup-Unternehmen

Ein Startup-Unternehmen hat das Ziel, eine neue Technologie zu entwickeln bzw. zumindest zu realisieren und mit dieser Technologie neuartige Produkte und Dienstleistungen einem zumeist noch aufzubauenden Markt zur Verfügung zu stellen. Ein Startup ist oft technologiegetrieben. Ein Startup setzt zudem in aller Regel ein neues Geschäftsmodell um und ist auf ein hohes Wachstumspotenzial ausgerichtet. Ein Startup kann sich als Spinoff, also als Abspaltung von einem etablierten Unternehmen, ergeben.

Einem Startup ist es dringend anzuraten, seine grundlegende Technologie rechtlich zu schützen. Hierbei kommen für ein Startup im Wesentlichen zwei Alternativen in Frage. Zum einen kann zunächst eine deutsche Patentanmeldung beantragt werden und im Laufe der Prioritätsfrist wird eine internationale Anmeldung angemeldet. Der Vorteil hierbei ist, dass erst nach 30 bis 31 Monaten eine endgültige Entscheidung über den Beginn nationaler Erteilungsverfahren getroffen werden muss. Entsprechend verschieben sich die Kosten in die Zukunft. Während dieser 30 bis 31 Monate kann das Unternehmen erste Gewinne erzielen oder Investoren gewinnen, um die Anmeldeverfahren in den ausländischen Staaten zu finanzieren.

Eine zweite Variante ist es, sofort eine internationale Anmeldung einzureichen. Hierbei können die Kosten der deutschen Anmeldung gespart werden. Allerdings sind gleich am Anfang die hohen Kosten einer internationalen Anmeldung zu stemmen. Voraussetzung dieser Anmeldestrategie ist, dass Klarheit darüber besteht, dass die betreffende Erfindung tatsächlich von großer Bedeutung ist und daher die hohen Kosten einer internationalen Anmeldung rechtfertigen.

Eine internationale Patentanmeldung ist im besonderen Maße für ein Startup geeignet, denn die internationale Anmeldung verlängert die Prioritätsfrist um mindestens 18 Monate. Das Startup muss daher nicht bereits nach einem Jahr, sondern erst nach 30 bzw. 31 Monaten eine Entscheidung darüber fällen, in welchem Land ein Schutzrecht angestrebt werden soll.

---

[1] Siehe Abschn. 3.7 Freedom-to-operate-Gutachten.

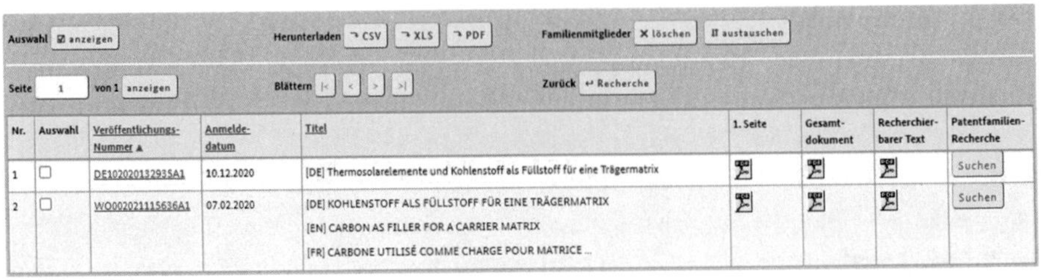

Abb. 5.1 Trefferliste der Carbonauten GmbH

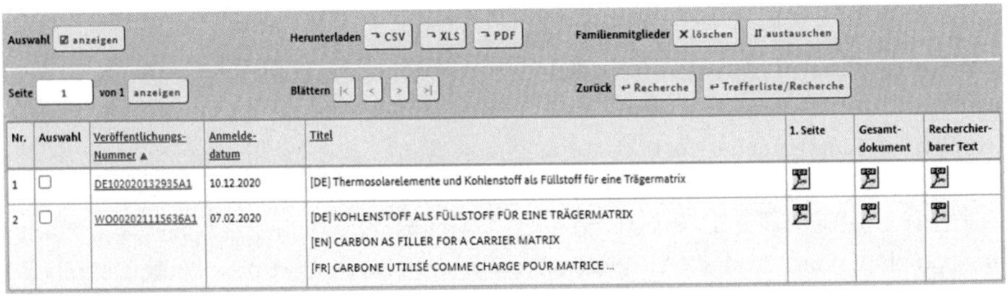

Abb. 5.2 Patentfamilie der Carbonauten GmbH

5.3.1 Beispiel: Carbonauten GmbH

Die Carbonauten GmbH entwickelt neuartige Systeme und Verfahren zur Reduktion von CO_2-Emissionen.[2] Für die Carbonauten GmbH können zwei Schutzrechte gefunden werden (siehe Abb. 5.1[3]).

Es kann eine Patentanmeldung DE 10 2020 132935 A1 mit Anmeldedatum 10.12.2020 und eine internationale Anmeldung WO 2021/115636 A1 mit Anmeldedatum 7.2.2020 recherchiert werden.[4] Am Ende der Zeilen Nr. 1 und 2 der Abb. 5.1 sind Buttons „Patentfamilien-Recherche", wodurch die dazugehörende Patentfamilie ermittelt werden kann. Die Patentfamilien-Recherche ergibt wiederum dieselben Anmeldungen, die daher eine Patentfamilie bilden (siehe Abb. 5.2).[5]

---

[2] Carbonauten GmbH, https://carbonauten.com/, abgerufen am 19.12.2021.

[3] DPMA, https://depatisnet.dpma.de/DepatisNet/depatisnet?window=1&space=main&content=basis&action=treffer&firstdoc=1#errormsg, abgerufen am 21.1.2022.

[4] DPMA, https://depatisnet.dpma.de/DepatisNet/depatisnet?window=1&space=main&content=treffer&action=treffer&so=asc&sf=vn&firstdoc=1, abgerufen am 7.1.2022.

[5] DPMA, https://depatisnet.dpma.de/DepatisNet/depatisnet?window=1&space=main&content=familie&action=treffer&fromResultList=1&docid=DE102020132935A1&so=asc&sf=ad&firstdoc=1&famSearchFromHitlist=1, abgerufen am 22.1.2022.

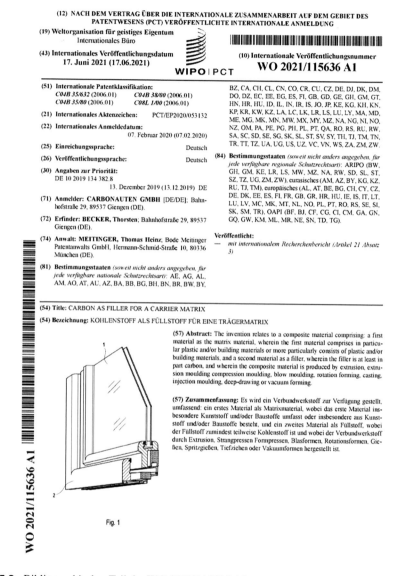

Abb. 5.3 Bibliographischer Teil der WO 2021/115636 A1

Aus dem bibliographischen Teil der WO 2021/115636 A1[6] (siehe „1. Seite", dargestellt in der Abb. 5.3) ergibt sich, dass die internationale Anmeldung die Priorität der deutschen Patentanmeldung DE 10 2019 134382.8 mit Anmeldedatum 13.12.2019 in Anspruch nimmt (siehe Punkt (30) der Abb. 5.3).

---

[6] DPMA, https://depatisnet.dpma.de/DepatisNet/depatisnet?action=pdf&docid=WO00202111563 6A1&xxxfull=1, abgerufen am 7.1.2022.

Die deutsche Anmeldung DE 10 2020 132935 A1 nimmt ebenfalls die Priorität der deutschen Patentanmeldung DE 10 2019 134382.8 vom 13.12.2019 in Anspruch. Außerdem nimmt die deutsche Anmeldung die Priorität der internationalen Anmeldung in Anspruch (siehe Abb. 5.4).[7]

Die Abb. 5.5 zeigt wie die Anmeldungen auseinander hervorgegangen sind. Zum Verständnis der angewandten Anmeldestrategie sind die Beschreibungen der Anmeldungen zu studieren. Zunächst wurde die deutsche Anmeldung DE 10 2019 134382.8 eingereicht. Es war relativ schnell klar, dass das Unternehmen weltweit expandieren möchte. Aus diesem Grund wurde die internationale Anmeldung WO 2021/115636 A1 eingereicht.

Allerdings ergaben sich neue Erkenntnisse, die ebenfalls geschützt werden mussten. Aus diesem Grund wurde eine zweite deutsche Anmeldung DE 10 2020 132935 A1 eingereicht, die die Priorität der ersten deutschen Patentanmeldung DE 10 2019 134382.8 in Anspruch nimmt (innere Priorität[8]). Zusätzlich nimmt diese Anmeldung die Priorität der internationalen Anmeldung WO 2021/115636 A1 in Anspruch, da die internationale Anmeldung gegenüber der ersten deutschen Anmeldung um weitere Ausführungsformen der Erfindung ergänzt wurde.

Die erste deutsche Anmeldung DE 10 2019 134382.8 ist nicht recherchierbar, da die spätere deutsche Anmeldung die Priorität der ersten deutschen Anmeldung in Anspruch genommen hat, wodurch die Rücknahmefiktion gegriffen hat und die erste deutsche Anmeldung als zurückgenommen fingiert wurde.[9]

Es ergibt sich hierdurch eine etwas unglückliche Situation, da diese zusätzlichen Erkenntnisse über die Erfindung, die in der deutschen Nachanmeldung enthalten sind, nicht durch die internationale Anmeldung in ausländischen Staaten geschützt werden kann. Im Nachhinein wäre es daher geschickter gewesen, die Prioritätsfrist auszuschöpfen, um zusätzliche Ausführungsformen der Erfindung, die erst nach dem Anmeldetag der ersten deutschen Anmeldung entwickelt wurden, in einer späteren deutschen Anmeldung aufzunehmen und eine internationale Anmeldung unter Inanspruchnahme der Priorität der ersten deutschen Anmeldung und der deutschen Nachanmeldung bei der WIPO einzureichen (siehe Abb. 5.6).

Im idealtypischen Fall könnte man mit der internationalen Anmeldung für sämtliche Ausführungsformen der Erfindung, auch für diejenigen die erst bei der deutschen Nachanmeldung zum ersten Mal beschrieben wurden, einen ausländischen rechtlichen Schutz anstreben. Natürlich ist es in dem real vorliegenden Fall möglich, zusätzlich eine weitere internationale Anmeldung einzureichen, die die Prioritäten beider deutscher Anmeldungen beansprucht. Allerdings wären dann die Kosten und die Mühe für die erste internationale Anmeldung vergebens gewesen.

---

[7] DPMA, https://depatisnet.dpma.de/DepatisNet/depatisnet?action=pdf&docid=DE102020132935 A1&xxxfull=1, abgerufen am 7.1.2022.

[8] § 40 Absatz 1 Patentgesetz.

[9] § 40 Absatz 5 Satz 1 Patentgesetz.

(19)  Deutsches
Patent- und Markenamt

(10) **DE 10 2020 132 935 A1** 2021.06.17

(12)

Offenlegungsschrift

(21) Aktenzeichen: **10 2020 132 935.0**
(22) Anmeldetag: **10.12.2020**
(43) Offenlegungstag: **17.06.2021**

(51) Int Cl.:   **C08K 3/04** (2006.01)
C08L 101/00 (2006.01)
C08J 5/00 (2006.01)

(30) Unionspriorität:
PCT/EP2020/053132   07.02.2020   IB

(66) Innere Priorität:
10 2019 134 382.8   13.12.2019

(71) Anmelder:
carbonauten GmbH, 89537 Giengen, DE

(74) Vertreter:
Meitinger & Partner Patentanwalts PartGmbB, 80336 München, DE

(72) Erfinder:
Becker, Thorsten, 89537 Giengen, DE

Prüfungsantrag gemäß § 44 PatG ist gestellt.

Die folgenden Angaben sind den vom Anmelder eingereichten Unterlagen entnommen.

(54) Bezeichnung: **Thermosolarelemente und Kohlenstoff als Füllstoff für eine Trägermatrix**

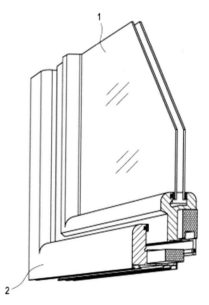

(57) Zusammenfassung: Es wird ein Verbundwerkstoff beschrieben, umfassend: ein erstes Material als Matrixmaterial, wobei das erste Material insbesondere Kunststoff und/oder Baustoffe, insbesondere Zement, umfasst oder insbesondere aus Kunststoff und/oder Baustoffe, insbesondere Zement, besteht und ein zweites Material als Füllstoff, wobei der Füllstoff zumindest teilweise Kohlenstoff ist und wobei der Verbundwerkstoff durch Extrusion, Strangpressen Formpressen, Blasformen, Rotationsformen, Gießen, Spritzgießen, Tiefziehen oder Vakuumformen hergestellt ist.

Abb. 5.4   Bibliografischer Teil der DE 10 2020 132935 A1

Abb. 5.5 Patentfamilie der Carbonauten GmbH – schematisch

Abb. 5.6 Idealtypische Patentfamilie

Auswahl ☑ anzeigen		Herunterladen ⇀ CSV ⇀ XLS ⇀ PDF		Familienmitglieder ✕ löschen ⇅ austauschen				
Seite 1 von 1 anzeigen		Blättern |< < > >|		Zurück ↩ Recherche ↩ Trefferliste/Recherche				

Nr.	Auswahl	Veröffentlichungs-Nummer ▲	Anmelde-datum	Titel	1. Seite	Gesamt-dokument	Recherchier-barer Text
1	☐	EP000003805777A1	10.10.2019	[DE] VORRICHTUNGEN UND VERFAHREN ZUR 3D-POSITIONSBESTIMMUNG [EN] DEVICES AND METHOD FOR 3D POSITIONING [FR] DISPOSITIFS ET PROCÉDÉS DE DÉTERMINATION ...	📄	📄	📄
2	☐	WO002021069679A1	09.10.2020	[DE] VORRICHTUNGEN UND VERFAHREN ZUR 3D-POSITIONSBESTIMMUNG [EN] DEVICES AND METHOD FOR 3D POSITIONING [FR] DISPOSITIFS ET PROCÉDÉ DE POSITIONNEMENT ...	📄	📄	📄

Abb. 5.7 Patentfamilie 1 „3D-Positionsbestimmung" der Toposens GmbH

5.3.2 Beispiel: Toposens GmbH

Die Toposens GmbH entwickelt 3D-Ultraschallsensoren für das autonome Fahren.[10] Toposens hat bislang ein Patentportfolio von insgesamt fünf Patentanmeldungen. Eine Anmeldung beschäftigt sich mit einer „Vorrichtung und Verfahren zur 3D-Positions-bestimmung" (siehe Abb. 5.7[11]). Hierbei wurde als Erstanmeldung eine europäische

---

[10] Toposens GmbH, https://toposens.com, abgerufen am 22.1.2022.

[11] DPMA, https://depatisnet.dpma.de/DepatisNet/depatisnet?window=1&space=main&content=f amilie&action=treffer&fromResultList=1&docid=EP000003805777A1&so=asc&sf=vn&firstdo c=1&famSearchFromHitlist=1, abgerufen am 22.1.2022.

Nr.	Auswahl	Veröffentlichungs-Nummer ▲	Anmelde-datum	Titel	1. Seite	Gesamt-dokument	Recherchier-barer Text
1	☐	CN000107407723B	29.01.2016				
2	☐	CN000107407723A	29.01.2016	[EN] 3D-POSITION DETERMINATION METHOD AND DEVICE	📄	📄	
3	☐	DE102015003584A1	19.03.2015	[DE] Verfahren und Vorrichtung zur 3D-Positionsbestimmung	📄	📄	📄
4	☐	EP000003271745A1	29.01.2016	[DE] VERFAHREN UND VORRICHTUNG ZUR 3D-POSITIONSBESTIMMUNG [EN] 3D-POSITION DETERMINATION METHOD AND DEVICE [FR] PROCÉDÉ ET DISPOSITIF DE DÉTERMINATION …	📄	📄	📄
5	☐	JP002018513981A	29.01.2016				
6	☐	JP000006789999B2	29.01.2016		📄	📄	
7	☐	KR102018011056A	29.01.2016		📄	📄	
8	☐	US020180074177A1	29.01.2016	[EN] 3D-POSITION DETERMINATION METHOD AND DEVICE	📄	📄	📄
9	☐	US000010698094B2	29.01.2016	[EN] 3D-position determination method and device	📄	📄	📄
10	☐	WO002016146292A1	29.01.2016	[DE] VERFAHREN UND VORRICHTUNG ZUR 3D-POSITIONSBESTIMMUNG [EN] 3D-POSITION DETERMINATION METHOD AND DEVICE [FR] PROCÉDÉ ET DISPOSITIF DE DÉTERMINATION …	📄	📄	📄

Abb. 5.8   Patentfamilie 2 „3D-Positionsbestimmung" der Toposens GmbH

Anmeldung beantragt und innerhalb der Prioritätsfrist eine internationale Anmeldung bei der WIPO eingereicht. Diese Erfindung hatte bereits zu Beginn für das Unternehmen eine große Bedeutung, was sich offensichtlich im Laufe des Erteilungsverfahrens vor dem EPA bestätigt hat.

Eine weitere Patentfamilie der Toposens GmbH weist nahezu denselben Titel auf. Derselbe Titel bedeutet nicht, dass es sich um dieselbe Erfindung handelt. Der Titel soll tatsächlich nur eine prägnante Kurzbeschreibung der Erfindung sein, damit dem Inhaber des Patentportfolios die Unterscheidung seiner Schutzrechte erleichtert wird. Insofern ist die Wahl der Titel der Anmeldungen bzw. Patente der Toposens GmbH unglücklich.

In der Abb. 5.8[12] ist eine zweite Patentfamilie der Toposens GmbH dargestellt, die eine deutsche Erstanmeldung DE 10 2015 003584 A1 umfasst, die am 19.3.2015 von dem Anmelder Alexander Rudoy eingereicht wurde (siehe Abb. 5.9).[13] Unter Inanspruchnahme der Priorität der deutschen Erstanmeldung wurde eine internationale Anmeldung WO 2016/146292 A1 eingereicht (siehe Abb. 5.10).[14] Aus der internationalen Anmeldung ergab sich eine europäische Anmeldung EP 3271745 A1, eine chinesische

---

[12] DPMA, https://depatisnet.dpma.de/DepatisNet/depatisnet?window=1&space=main&content=familie&action=treffer&fromResultList=1&docid=EP000003271745A1&so=asc&sf=vn&firstdoc=1&famSearchFromHitlist=1, abgerufen am 22.1.2022.

[13] DPMA, https://depatisnet.dpma.de/DepatisNet/depatisnet?action=pdf&docid=DE102015003584A1&xxxfull=1&famSearchFromHitlist=1, abgerufen am 7.1.2022.

[14] DPMA, https://depatisnet.dpma.de/DepatisNet/depatisnet?action=pdf&docid=WO0020161462 92A1&xxxfull=1&famSearchFromHitlist=1, abgerufen am 7.1.2022.

(19)  Deutsches
Patent- und Markenamt

(10) **DE 10 2015 003 584 A1** 2016.09.22

(12) **Offenlegungsschrift**

(21) Aktenzeichen: **10 2015 003 584.3**
(22) Anmeldetag: **19.03.2015**
(43) Offenlegungstag: **22.09.2016**

(51) Int Cl.: **G01S 13/46** (2006.01)
G01S 13/88 (2006.01)
G01S 15/46 (2006.01)
G01S 17/46 (2006.01)
G01S 5/00 (2006.01)
G01B 11/14 (2006.01)
G01B 11/24 (2006.01)

(71) Anmelder:
Rudoy, Alexander, 81373 München, DE

(74) Vertreter:
VOSSIUS & PARTNER Patentanwälte
Rechtsanwälte mbB, 81675 München, DE

(72) Erfinder:
gleich Anmelder

(56) Ermittelter Stand der Technik:
DE   102 60 434   A1
DE 10 2005 024 716   A1
US   2 515 332   A

MIRBACH, Michael ; MENZEL, Wolfgang: A
simple surface estimation algorithm for UWB
pulse radars based on trilateration. In: IEEE
International Conference on Ultra-Wideband,
Bologna, 14-16 Sept. 2011, S. 273 – 277. - ISBN
978-1-4577-1763-5

Prüfungsantrag gemäß § 44 PatG ist gestellt.

Die folgenden Angaben sind den vom Anmelder eingereichten Unterlagen entnommen

(54) Bezeichnung: **Verfahren und Vorrichtung zur 3D-Positionsbestimmung**

(57) Zusammenfassung: Vorrichtung und Verfahren zur Bestimmung der dreidimensionalen Position eines Objektes.
Die Vorrichtung umfasst mindestens einen Sender, der dazu
geeignet ist, ein Signal abzustrahlen; mindestens drei Empfänger, wobei die mindestens drei Empfänger und der mindestens eine Sender vorzugsweise innerhalb einer ersten
Ebene angeordnet sind, wobei ein erster Empfänger und ein
zweiter Empfänger vorzugsweise entlang einer ersten Gera-
den angeordnet sind und ein dritter Empfänger von der ersten Gerade vorzugsweise beabstandet angeordnet ist; und
einen Prozessor, der konfiguriert ist, mindestens drei Laufzeiten zu ermitteln, wobei die jeweilige Laufzeit eine Zeit ist,
die das Signal vom Sender über das Objekt bis zum jeweiligen Empfänger benötigt, und wobei der Prozessor ferner
konfiguriert ist, aus den ermittelten Laufzeiten sowie der Anordnung des Senders und der Empfänger die dreidimensio-
nale Position des Objekts zu bestimmen.

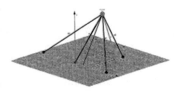

Abb. 5.9 Deutsche Erstanmeldung der Toposens GmbH

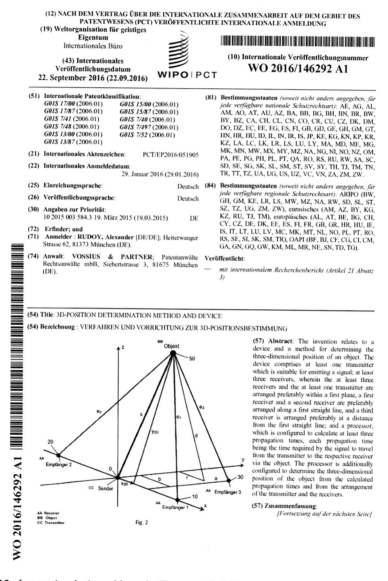

(12) NACH DEM VERTRAG ÜBER DIE INTERNATIONALE ZUSAMMENARBEIT AUF DEM GEBIET DES PATENTWESENS (PCT) VERÖFFENTLICHTE INTERNATIONALE ANMELDUNG

(19) Weltorganisation für geistiges Eigentum
Internationales Büro

(43) Internationales Veröffentlichungsdatum
22. September 2016 (22.09.2016)

WIPO | PCT

(10) Internationale Veröffentlichungsnummer
WO 2016/146292 A1

(51) Internationale Patentklassifikation:
G01S 17/00 (2006.01) G01S 15/00 (2006.01)
G01S 17/87 (2006.01) G01S 15/87 (2006.01)
G01S 7/41 (2006.01)   G01S 7/40 (2006.01)
G01S 7/48 (2006.01)   G01S 7/497 (2006.01)
G01S 13/00 (2006.01) G01S 7/52 (2006.01)
G01S 13/87 (2006.01)

(21) Internationales Aktenzeichen: PCT/EP2016/051905

(22) Internationales Anmeldedatum:
29. Januar 2016 (29.01.2016)

(25) Einreichungssprache: Deutsch

(26) Veröffentlichungssprache: Deutsch

(30) Angaben zur Priorität:
10 2015 003 584.3 19. März 2015 (19.03.2015)   DE

(72) Erfinder; und
(71) Anmelder : RUDOY, Alexander [DE/DE]; Heiterwanger Strasse 62, 81373 München (DE).

(74) Anwalt: VOSSIUS & PARTNER; Patentanwälte Rechtsanwälte mbB, Siebertstrasse 3, 81675 München (DE).

(81) Bestimmungsstaaten *(soweit nicht anders angegeben, für jede verfügbare nationale Schutzrechtsart):* AE, AG, AL, AM, AO, AT, AU, AZ, BA, BB, BG, BH, BN, BR, BW, BY, BZ, CA, CH, CL, CN, CO, CR, CU, CZ, DK, DM, DO, DZ, EC, EE, EG, ES, FI, GB, GD, GE, GH, GM, GT, HN, HR, HU, ID, IL, IN, IR, IS, JP, KE, KG, KN, KP, KR, KZ, LA, LC, LK, LR, LS, LU, LY, MA, MD, ME, MG, MK, MN, MW, MX, MY, MZ, NA, NG, NI, NO, NZ, OM, PA, PE, PG, PH, PL, PT, QA, RO, RS, RU, RW, SA, SC, SD, SE, SG, SK, SL, SM, ST, SV, SY, TH, TJ, TM, TN, TR, TT, TZ, UA, UG, US, UZ, VC, VN, ZA, ZM, ZW.

(84) Bestimmungsstaaten *(soweit nicht anders angegeben, für jede verfügbare regionale Schutzrechtsart):* ARIPO (BW, GH, GM, KE, LR, LS, MW, MZ, NA, RW, SD, SL, ST, SZ, TZ, UG, ZM, ZW), eurasisches (AM, AZ, BY, KG, KZ, RU, TJ, TM), europäisches (AL, AT, BE, BG, CH, CY, CZ, DE, DK, EE, ES, FI, FR, GB, GR, HR, HU, IE, IS, IT, LT, LU, LV, MC, MK, MT, NL, NO, PL, PT, RO, RS, SE, SI, SK, SM, TR), OAPI (BF, BJ, CF, CG, CI, CM, GA, GN, GQ, GW, KM, ML, MR, NE, SN, TD, TG).

Veröffentlicht:
— mit internationalem Recherchenbericht (Artikel 21 Absatz 3)

(54) Title: 3D-POSITION DETERMINATION METHOD AND DEVICE

(54) Bezeichnung : VERFAHREN UND VORRICHTUNG ZUR 3D-POSITIONSBESTIMMUNG

(57) **Abstract:** The invention relates to a device and a method for determining the three-dimensional position of an object. The device comprises at least one transmitter which is suitable for emitting a signal; at least three receivers, wherein the at least three receivers and the at least one transmitter are arranged preferably within a first plane, a first receiver and a second receiver are preferably arranged along a first straight line, and a third receiver is arranged preferably at a distance from the first straight line; and a processor, which is configured to calculate at least three propagation times, each propagation time being the time required by the signal to travel from the transmitter to the respective receiver via the object. The processor is additionally configured to determine the three-dimensional position of the object from the calculated propagation times and from the arrangement of the transmitter and the receivers.

(57) Zusammenfassung:
[Fortsetzung auf der nächsten Seite]

WO 2016/146292 A1

Abb. 5.10 Internationale Anmeldung der Toposens GmbH

Anmeldung CN 107407723 A, eine koreanische Anmeldung KR 10 2018 011056 A, eine japanische Anmeldung JP 2018513981 A und eine US-amerikanische Anmeldung US 20180074177A1 (siehe Abb. 5.11)[15], wobei die chinesische, die japanische und die

---

[15] DPMA, https://depatisnet.dpma.de/DepatisNet/depatisnet?action=pdf&docid=US02018007417 7A1&xxxfull=1, abgerufen am 25.1.2022.

US 20180074177A1

(19) **United States**

(12) **Patent Application Publication**   (10) Pub. No.: **US 2018/0074177 A1**
       Rudoy   (43) Pub. Date: **Mar. 15, 2018**

(54) **3D-POSITION DETERMINATION METHOD
       AND DEVICE**

(71) Applicant: **Toposens GmbH**, München (DE)

(72) Inventor: **Alexander Rudoy**, Munich (DE)

(73) Assignee: **Toposens GmbH**, Munich (DE)

(21) Appl. No.:   **15/558,931**

(22) PCT Filed: **Jan. 29, 2016**

(86) PCT No.:   **PCT/EP2016/051905**

       § 371 (c)(1),
       (2) Date: **Sep. 15, 2017**

(30)   **Foreign Application Priority Data**

       Mar. 19, 2015   (DE) 10 2015 003 584.3

                   Publication Classification

(51) Int. Cl.
       G01S 13/00   (2006.01)
       G01S 13/87   (2006.01)
       G01S 15/00   (2006.01)
       G01S 17/00   (2006.01)
       G01S 15/87   (2006.01)

       G01S 7/41   (2006.01)
       G01S 7/48   (2006.01)
       G01S 7/539   (2006.01)
(52) U.S. Cl.
       CPC *G01S 13/003* (2013.01); *G01S 13/878*
            (2013.01); *G01S 15/003* (2013.01); *G01S
            7/539* (2013.01); *G01S 15/876* (2013.01);
       G01S 7/41 (2013.01); *G01S 7/4802* (2013.01);
                                 G01S 17/003 (2013.01)

(57)   **ABSTRACT**

A device and method for determining the three-dimensional
position of an object. The device comprises at least one
transmitter that is adapted to emit a signal; at least three
receivers, wherein the at least three receivers and the at least
one transmitter are preferably arranged within a first plane,
wherein a first receiver and a second receiver are preferably
arranged along a first straight line, and a third receiver is
preferably arranged at a distance from the first straight line;
and a processor that is configured to determine at least three
propagation times, wherein the respective propagation time
is a time required by the signal from the transmitter via the
object to the respective receiver, and wherein the processor
is further configured to determine the three-dimensional
position of the object on the basis of the determined propagation times as well as on the basis of the arrangement of the
transmitter and the receivers.

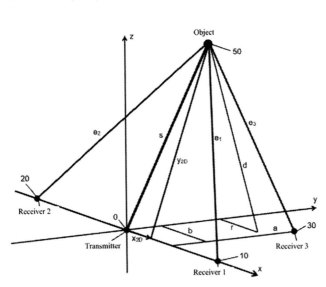

Abb. 5.11   US-Anmeldung der Toposens GmbH

US-amerikanische Anmeldungen bereits zu erteilten Patenten führten. Alexander Rudoy
ist Mitgründer der Toposens GmbH und hat sein Schutzrecht der Toposens GmbH übertragen, damit diese mit ihren ausländischen Schutzrechten, die Priorität der deutschen
Anmeldung in Anspruch nehmen konnte.

Abb. 5.12 Patentfamilie 2 „3D-Positionsbestimmung" der Toposens GmbH – schematisch

Die Abb. 5.12 illustriert die Entstehungsgeschichte der Patentfamilie der Toposens GmbH in schematischer Form.

Für ein technologiegetriebenes Startup bietet es sich an, seine Technologie durch ein Patent zu schützen. Es ist empfehlenswert, zügig eine erste Anmeldung einzureichen, denn das Patentrecht kennt keinen zweiten Sieger. Der erste Anmelder erhält das Schutzrecht, alle nachfolgenden Anmelder gehen leer aus. Ein Startup wird daher, sobald die technische Erfindung fertig entwickelt ist, wobei noch keine Prototypen vorhanden sein müssen oder sogar Marktreife erreicht werden muss, seine Erfindung zum Patent anmelden.

Das erste Schutzrecht einer Patentfamilie ist vorzugsweise eine deutsche Patentanmeldung, da mit einer deutschen Patentanmeldung bereits der wichtigste Markt in Europa abgedeckt ist. Außerdem ist eine deutsche Patentanmeldung in aller Regel das kostengünstigste Schutzrecht. Typischerweise folgt eine internationale Anmeldung, die die Priorität der deutschen Anmeldung in Anspruch nimmt. In diesem Fall hat man die hohen Kosten der internationalen Anmeldung in die Zukunft verschoben und kann bereits vor der Einreichung der internationalen Nachanmeldung einen ersten amtlichen Bescheid vom Patentamt erhalten haben, der Aufschluss über die Patentfähigkeit der Erfindung gibt. Alternativ kann sofort eine internationale Anmeldung beantragt werden. In diesem Fall entfallen die Kosten der deutschen Anmeldung. Allerdings werden sofort die hohen Kosten der internationalen Anmeldung fällig.

5.4 Copycat-Unternehmen

Ein Copycat-Unternehmen imitiert ein technologiegetriebenes Unternehmen, häufig erfolgreiche Startups, wobei das Geschäftsmodell auf andere Märkte, insbesondere Märkte in anderen Ländern, übertragen wird. Ein Copycat-Unternehmen kann natürlich nicht die grundlegende Technologie, die angewandt wird, zum Patent anmelden. Allerdings sollte auch das Copycat-Unternehmen prüfen, ob es die imitierte Technologie in einer besonderen Form anwendet, die schutzfähig sein könnte. Hierdurch kann verhindert werden, dass weitere Unternehmen das Copycat-Unternehmen imitieren und

Auswahl ☑ anzeigen			Herunterladen → CSV → XLS → PDF		Familienmitglieder ✕ löschen ↕ austauschen			

Seite 1 von 1 anzeigen			Blättern I< < > >I		Zurück ↩ Recherche			

Nr.	Auswahl	Veröffentlichungs-Nummer ▲	Anmelde-datum	Titel	1. Seite	Gesamt-dokument	Recherchier-barer Text	Patentfamilien-Recherche
1	☐	US020160313885A1	01.07.2016	[EN] NAVIGATION AMONG ITEMS IN A NETWORK PAGE	📄	📄	📄	Suchen
2	☐	US020150312217A1	12.06.2015	[EN] CLIENT-SIDE ENCRYPTION OF FORM DATA	📄	📄	📄	Suchen
3	☐	US000010503372B2	01.07.2016	[EN] Navigation among items in a network page	📄	📄	📄	Suchen
4	☐	US000009384507B1	06.08.2010	[EN] Navigation among items in a network page	📄	📄	📄	Suchen
5	☐	US000009286632B1	11.02.2015	[EN] Capturing and publishing product imagery	📄	📄	📄	Suchen
6	☐	US000009058603B1	04.01.2011	[EN] Client-side encryption of form data	📄	📄	📄	Suchen
7	☐	US000008963992B1	19.03.2012	[EN] Capturing and publishing product imagery	📄	📄	📄	Suchen
8	☐	US000008838678B1	06.08.2010	[EN] Dynamic cascading for network sites	📄	📄	📄	Suchen
9	☐	US000008332284B1	06.08.2010	[EN] Providing multiple views for an item	📄	📄	📄	Suchen

Abb. 5.13 Schutzrechte der Zappos IP Inc.

beispielsweise im gleichen Markt zu einer ernsthaften Konkurrenz werden. Es wäre zusätzlich möglich, ein entsprechendes Schutzrecht auf den Heimatmarkt des ursprünglich kopierten Unternehmens auszudehnen, um auf dessen Markt mit einer verbesserten Technologie in Wettbewerb zu treten.

5.4.1 Beispiel: Zalando SE

Das deutsche Unternehmen Zalando SE, das im Online-Modehandel tätig ist, könnte als Copycat des US-amerikanischen Unternehmens Zappos Corporation betrachtet werden. Zumindest hat die Zappos Corporation vor der Zalando SE einen Online-Modehandel für Schuhe und Bekleidung betrieben. Die Zappos Corporation wurde 1999 gegründet und die Gründung der Zalando SE fand 2008 statt. Die Zappos Corporation hat in einem Tochterunternehmen Zappos IP Inc. ihre Schutzrechte gebündelt. In der Abb. 5.13 sind die Schutzrechte der Zappos IP Inc. aufgelistet.[16]

Es kann sofort festgestellt werden, dass die Zappos IP Inc. ausschließlich US-Schutzrechte in ihrem Patentportfolio hat. Die Titel der Schutzrechte verraten außerdem, dass es sich um Schutzrechte für Software handelt.

In Europa, insbesondere in Deutschland, wird die Erteilung von Software als Patent deutlich restriktiver gehandhabt im Vergleich zur Situation in den USA. Entsprechend war es der Zappos IP Inc. wohl nicht möglich bzw. sie nahm das Wagnis nicht auf sich, ihre Schutzrechte auf Europa zu erstrecken. Die geschäftliche Tätigkeit der Zalando SE

---

[16] DPMA, https://depatisnet.dpma.de/DepatisNet/depatisnet?window=1&space=main&content=basis&action=treffer&firstdoc=1#errormsg, abgerufen am 22.1.2022.

wurde daher nicht durch Patente der US-amerikanischen Konkurrenz beeinträchtigt. Die Zalando SE selbst hat kein Patentportfolio.

Es war in der Vergangenheit eine gute Möglichkeit für Copycat-Unternehmen erfolgreiche Unternehmen in den USA, deren Kernkompetenz durch Software erzielt wurde, mit einer selbst erstellten Software zu kopieren. Da in Europa Software nur schwer oder gar nicht rechtlich geschützt werden kann, konnten die US-amerikanischen Pioniere die Imitatoren in Europa nicht durch Patente stoppen.

5.5   Etablierte Unternehmen

Ein etabliertes Unternehmen hat ein Produkt- und Dienstleistungssortiment, das es einem bekannten, existierenden Markt anbietet. Einem etablierten Unternehmen sind typischerweise die wesentlichen Wettbewerber und die relevanten Patente und Gebrauchsmuster des betreffenden technologischen Gebietes bekannt. In aller Regel wird das Unternehmen keine Recherche nach dem Stand der Technik benötigen, um die voraussichtliche Patentfähigkeit einer Erfindung zu beurteilen. Zusätzlich wird das Unternehmen in der Lage sein, die wirtschaftliche Bedeutung einer Erfindung einzuschätzen und wissen in welchen Ländern ein rechtlicher Schutz erforderlich ist. Das Unternehmen wird daher keine internationale Patentanmeldung anstreben, da es keine zusätzliche Bedenkzeit benötigt. Eventuell werden Nachanmeldungen sehr früh, insbesondere kurz nach einer ersten deutschen Patentanmeldung, vorgenommen oder sogar parallel zur deutschen Patentanmeldung bei den betreffenden ausländischen Patentämtern eingereicht. Hierdurch erhält das Unternehmen sehr schnell durchsetzbare Schutzrechte und kann damit eine aufkommende Konkurrenz niederhalten.

Das Unternehmen wird bei Erfindungen, die einen großen wirtschaftlichen Wert aufweisen, eine schnelle Erteilung anstreben, um Wettbewerber wirksam aus dem Markt drängen zu können. Erfindungen, die zunächst eher selten realisiert werden, werden zwar angemeldet, aber für diese wird nicht sofort ein Prüfungsantrag gestellt. Stattdessen wird deren wirtschaftliche Bedeutung erst kurz vor Ablauf der Prioritätsfrist bewertet. Ergibt sich zwischenzeitlich die Notwendigkeit, einen Wettbewerber zu bekämpfen, kann ein Gebrauchsmuster von der Patentanmeldung abgezweigt werden.

5.6   Kleine und mittlere Unternehmen (KMU)

Kleine und mittlere Unternehmen KMUs sind solche, deren Beschäftigtenzahl unter 250 Mitarbeitern liegt und die einen Umsatz nicht größer als 50 Mio. Euro erwirtschaften.[17] Kleine und mittlere Unternehmen haben für den Aufbau ihres Patentportfolios nur ein

---

[17]EMPFEHLUNG DER KOMMISSION, vom 6. Mai 2003, betreffend die Definition der Kleinstunternehmen sowie der kleinen und mittleren Unternehmen (Bekannt gegeben unter Aktenzeichen K(2003) 1422) (Text von Bedeutung für den EWR) (2003/361/EG).

beschränktes Budget und investieren ihre Ressourcen vor allem zur Absicherung ihres Heimatmarkts. Eventuell werden noch ein oder zwei wichtige, ausländische Märkte mit einem Patent geschützt. Kleine und mittlere Unternehmen müssen nicht nur sorgsam mit den beschränkten Ressourcen umgehen, sondern insbesondere mit der Arbeitszeit der Mitarbeiter. Ein Prüfungsverfahren zur Erlangung eines Patents kann eine regelmäßige, aufwändige Beschäftigung mit recherchierten Entgegenhaltungen erfordern. Aus diesem Grund ist für ein KMU ein Gebrauchsmuster eventuell das vorteilhaftere Schutzrecht im Vergleich zu einem Patent. Zum einen ist die Laufzeit des Gebrauchsmusters auf zehn Jahre beschränkt, wodurch ein automatisches Auslaufen sichergestellt ist. Typischerweise reichen zehn Jahre rechtlicher Schutz aus. Der Aufwand einer jährlichen Prüfung der wirtschaftlichen Bedeutung des Schutzrechts zur Klärung der Frage, ob die Zahlung von Aufrechterhaltungsgebühren gerechtfertigt ist, entfällt. Hierbei muss auch bedacht werden, dass während der zusätzlichen zehn Jahre des Schutzes, den ein Patent gewährt, die Jahresgebühren erhebliche Beträge annehmen, weswegen oft Patente allein deswegen schon nur zwischen sieben und zehn Jahre aufrecht gehalten werden.

5.7 Großunternehmen

Ein Großunternehmen erwirtschaftet jährlich mindestens einen Umsatz von 50 Mio. Euro und beschäftigt über 250 Mitarbeiter.[18]

5.7.1 Beispiel: Gührung KG

Die Gühring KG stellt Werkzeuge zum Bohren, Fräsen, Reiben und Senken für die Automobil-, Luftfahrt- und Raumfahrtindustrie her. Das Unternehmen beschäftigte 2021 über 8000 Mitarbeiter und erwirtschaftete einen Umsatz von über 1 Mrd. Euro. Der Hauptsitz der Gühring KG ist in Albstadt-Ebingen.[19]

In der Abb. 5.14 sind die Schutzrechte der Patentfamilie „Zirkularfräswerkzeug und Zirkularfräsverfahren" dargestellt.[20] Es wurde zunächst eine deutsche Anmeldung eingereicht und danach eine internationale Anmeldung innerhalb der einjährigen Prioritätsfrist unter Inanspruchnahme der Priorität der deutschen Anmeldung beantragt. Aus dieser internationalen Anmeldung ging eine europäische Anmeldung hervor. Eine

---

[18] EMPFEHLUNG DER KOMMISSION, vom 6. Mai 2003, betreffend die Definition der Kleinstunternehmen sowie der kleinen und mittleren Unternehmen (Bekannt gegeben unter Aktenzeichen K (2003) 1422) (Text von Bedeutung für den EWR) (2003/361/EG).

[19] Gühring KG, https://guehring.com, abgerufen am 22.1.2022.

[20] DPMA, https://depatisnet.dpma.de/DepatisNet/depatisnet?window=1&space=main&content=familie&action=treffer&fromResultList=1&docid=DE102018214192A1&so=asc&sf=vn&firstdoc=1&famSearchFromHitlist=1, abgerufen am 22.1.2022.

Abb. 5.14 Patentfamilie „Zirkulärfräswerkzeug" der Gühring KG

US-amerikanische Anmeldung wurde direkt beim USPTO (United States Patent and Trademark Office) eingereicht und nimmt die Priorität der deutschen Erstanmeldung in Anspruch.

Die Abb. 5.15 zeigt die rechtlichen Verbindungen zwischen den einzelnen Mitgliedern der Patentfamilie. Es wäre wahrscheinlich sinnvoller gewesen, die europäische Anmeldung direkt einzureichen und auf die internationale Anmeldung zu verzichten. Die Kosten für die internationale Anmeldung hätten gespart werden können.

Die Abb. 5.16 zeigt die Schutzrechte der Patentfamilie „Hydraulik-Dehnspann-futter".[21] Es wurde für diese Patentfamilie eine deutsche Patentanmeldung beantragt. Innerhalb der Prioritätsfrist wurde eine internationale Anmeldung eingereicht. Aus dieser internationalen Anmeldung ergab sich eine europäische Anmeldung. Eine US-amerikanische Patentanmeldung wurde direkt beim US-amerikanischen Patentamt unter Inanspruchnahme der deutschen Erstanmeldung eingereicht.

Die Firma Gühring KG verfolgt offensichtlich die Anmeldestrategie, sehr schnell ein US-Patent zu erhalten und sich mit einer internationalen Anmeldung sämtliche Optionen

---

[21] DPMA, https://depatisnet.dpma.de/DepatisNet/depatisnet?window=1&space=main&content=familie&action=treffer&fromResultList=1&docid=DE102018214190A1&so=desc&sf=ad&firstdoc=1&famSearchFromHitlist=1, abegrufen am 24.12.2021.

Abb. 5.15 Patentfamilie „Zirkulärfräswerkzeug" der Gühring KG – schematisch

Nr.	Auswahl	Veröffentlichungs-Nummer ▲	Anmelde-datum	Anmelder/Inhaber	Titel	1. Seite	Gesamt-dokument	Recherchier-barer Text
1	☐	DE102018214190A1	22.08.2018	Gühring KG, 72458, Albstadt, DE	[DE] Hydraulik-Dehnspannfutter	📄	📄	📄
2	☐	EP000003840902A1	22.08.2019	GUEHRING KG, DE	[DE] HYDRAULIK-DEHNSPANNFUTTER [EN] HYDRAULIC EXPANDING CHUCK [FR] MANDRIN DE SERRAGE HYDRAULIQUE EXPANSIBLE	📄	📄	📄
3	☐	US020210123078A1	22.02.2021	GUEHRING KG, DE	[EN] HYDRAULIC EXPANDING CHUCK	📄	📄	📄
4	☐	WO002020039034A1	22.08.2019	GUEHRING KG, DE	[DE] HYDRAULIK-DEHNSPANNFUTTER [EN] HYDRAULIC EXPANDING CHUCK [FR] MANDRIN DE SERRAGE HYDRAULIQUE EXPANSIBLE	📄	📄	📄

Abb. 5.16 Patentfamilie „Hydraulik-Dehnspannfutter" der Gühring KG

offen zu halten. Insbesondere kann mit der internationalen Anmeldung eine europäische Anmeldung und eventuell weitere ausländische Schutzrechte erlangt werden.

5.7.2 Beispiel: Trumpf Werkzeugmaschinen GmbH + Co. KG

Die Trumpf Werkzeugmaschinen GmbH + Co. KG ist ein weltweit tätiger Hersteller von Werkzeugmaschinen. Das Unternehmen wurde 1923 gegründet und beschäftigt derzeit über 14 Tausend Mitarbeiter. Im Jahr 2021 wurde ein Umsatz von ca. 3,5 Mrd. Euro erwirtschaftet.[22]

---

[22] Trumpf Werkzeugmaschinen GmbH + Co. KG, https://www.trumpf.com, abgerufen am 22.1.2022.

Nr.	Auswahl	Veröffentlichungs-Nummer ▲	Anmelde-datum	Titel	1. Seite	Gesamt-dokument	Recherchier-barer Text
1	☐	CN000110461532A	20.03.2018	[EN] Wear-resistant sleeve for gas nozzle for encapsulating cutting gas jet	🗎	🗎	
2	☐	DE202018006425U1	20.03.2018	[DE] Verschleißfeste Hülse für eine Gasdüse zur Kapselung eines Schneidgasstrahls	🗎	🗎	🗎
3	☐	DE102017205084A1	27.03.2017	[DE] Gasdüse mit verschleißfester Hülse zur Kapselung eines Schneidgasstrahls	🗎	🗎	🗎
4	☐	EP000003600753A1	20.03.2018	[DE] VERSCHLEIßFESTE HÜLSE FÜR EINE GASDÜSE ZUR KAPSELUNG EINES SCHNEIDGASSTRAHLS [EN] WEAR-RESISTANT SLEEVE FOR A GAS NOZZLE FOR ENCAPSULATING A CUTTING GAS JET ...	🗎	🗎	🗎
5	☐	KR102019133733A	20.03.2018		🗎	🗎	
6	☐	US020200023464A1	27.09.2019	[EN] WEAR-RESISTANT SLEEVE FOR A GAS NOZZLE FOR ENCAPSULATING A CUTTING GAS JET	🗎	🗎	🗎
7	☐	WO002018177804A1	20.03.2018	[DE] VERSCHLEIßFESTE HÜLSE FÜR EINE GASDÜSE ZUR KAPSELUNG EINES SCHNEIDGASSTRAHLS [EN] WEAR-RESISTANT SLEEVE FOR A GAS NOZZLE FOR ENCAPSULATING A CUTTING GAS JET ...	🗎	🗎	🗎

Abb. 5.17 Patentfamilie „Gasdüse" der Trumpf Werkzeugmaschinen GmbH+Co. KG

Abb. 5.18 Patentfamilie „Gasdüse" der Trumpf Werkzeugmaschinen GmbH+Co. KG – schematisch

Die Abb. 5.17 präsentiert die Schutzrechte der Patentfamilie „Gasdüse".[23] Die früheste Anmeldung ist eine deutsche Anmeldung (DE 10 2017 205084 A1). Danach wurde eine internationale Anmeldung eingereicht. Außerdem wurde ein deutsches Gebrauchsmuster DE 20 2018 006425 U1 (Anmeldedatum: 20. März 2018) eingetragen, das die Priorität der deutschen Anmeldung DE 10 2017 205084 A1 (Anmeldedatum: 27. März 2017) in Anspruch nimmt.

An der schematischen Darstellung der Abb. 5.18 der Patentfamilie „Gasdüse" kann erkannt werden, dass eine deutsche Anmeldung der Ursprung der Patentfamilie ist. Es wurde dann eine internationale Anmeldung eingereicht, um Zeit zu gewinnen. Aus dieser internationalen Anmeldung ging eine europäische, eine chinesische und eine koreanische (Süd-Korea) Anmeldung hervor. Parallel zur internationalen Anmeldung wurde ein deutsches Gebrauchsmuster und eine US-amerikanische Anmeldung beantragt.

---

[23] DPMA, https://depatisnet.dpma.de/DepatisNet/depatisnet?window=1&space=main&content=familie&action=treffer&fromResultList=1&docid=DE202018006425U1&so=asc&sf=vn&firstdoc=1&famSearchFromHitlist=1, abgerufen am 24.12.2021.

Offensichtlich wurden schnell durchsetzungsfähige Schutzrechte in Deutschland und in den USA benötigt. Aus diesem Grund wurden ein deutsches Gebrauchsmuster und eine US-Anmeldung direkt bei den jeweiligen Patentämtern beantragt und diese Schutzrechte nicht über die internationale oder die europäische Anmeldung angestrebt.

5.8   Internationale Großunternehmen

Mit internationalen Großunternehmen sind Unternehmen wie Apple Inc., Exxon Mobil Corporation, Novartis AG, Robert Bosch GmbH oder die Mercedes-Benz Group AG (vormals Daimler AG) gemeint. Beispielhaft werden einzelne Patentfamilien der Robert Bosch GmbH und der Mercedes-Benz Group AG betrachtet. Die Mercedes-Benz Group AG hieß bis Februar 2022 Daimler AG. In den Patentschriften steht noch die bisherige Bezeichnung. Im Folgenden wird von der Daimler AG gesprochen, um keine Verwirrung bezüglich der Inhaberschaft der vorgestellten Patentdokumente zu stiften.

5.8.1   Beispiel: Robert Bosch GmbH

Die Robert Bosch GmbH ist einer der größten Anmelder von Schutzrechten in Europa. Es werden einige Patentfamilien vorgestellt, um die Anmeldestrategie des Unternehmens kennen zu lernen. In der Abb. 5.19 ist die Patentfamilie „Verfahren zum Erstellen einer Abdeckungskarte" dargestellt.[24] Es wurde zunächst eine deutsche Anmeldung mit Anmeldetag 15.11.2018 eingereicht. Innerhalb der Prioritätsfrist wurde unter Inanspruchnahme der Priorität der deutschen Anmeldung eine internationale Anmeldung mit Anmeldetag 25.9.2019 eingereicht. Aus der internationalen Anmeldung ergab sich eine weitere deutsche Anmeldung und eine chinesische Anmeldung.

Diese Vorgehensweise ist empfehlenswert. Es wird zunächst eine frühe deutsche Anmeldung eingereicht. Innerhalb des Prioritätsjahrs können zusätzliche Ausführungsformen der Erfindung entwickelt werden, die in einer internationalen Anmeldung, die die technische Lehre der ersten deutschen Anmeldung und zusätzlich die weiteren Ausführungsformen enthält, aufgenommen werden. Aus dieser internationalen Anmeldung können die gewünschten Länder abgeleitet werden. In der Abb. 5.20 sind die Schutzrechte schematisch dargestellt, um die Entstehungsgeschichte zu erkennen.

In der Abb. 5.21 sind die Schutzrechte der Patentfamilie „Wischblattvorrichtung" dargestellt.[25] Hierbei wurden zwei Schutzrechte am gleichen Tag beim Patentamt ein-

---

[24] DPMA, https://depatisnet.dpma.de/DepatisNet/depatisnet?window=1&space=main&content=f amilie&action=treffer&fromResultList=1&docid=DE112019003933A5&so=desc&sf=ad&first doc=1&famSearchFromHitlist=1, abgerufen am 23.12.2021.

[25] DPMA, https://depatisnet.dpma.de/DepatisNet/depatisnet?window=1&space=main&content=f amilie&action=treffer&fromResultList=1&docid=DE202017006994U1&so=desc&sf=ad&first doc=1&famSearchFromHitlist=1, abgerufen am 23.12.2021.

Nr.	Auswahl	Veröffentlichungs-Nummer ▲	Anmelde-datum	Titel	1. Seite	Gesamt-dokument	Recherchier-barer Text
1	☐	CN000113170318A	25.09.2019	[EN] METHOD AND APPARATUS FOR CREATING A COVERAGE MAP	🗋	🗋	
2	☐	DE112019003933A5	25.09.2019	[DE] Verfahren zum Erstellen einer Abdeckungskarte	🗋	🗋	🗋
3	☐	DE102018219592A1	15.11.2018	[DE] Verfahren zum Erstellen einer Abdeckungskarte	🗋	🗋	🗋
4	☐	WO002020099007A1	25.09.2019	[DE] VERFAHREN UND VORRICHTUNG ZUM ERSTELLEN EINER ABDECKUNGSKARTE [EN] METHOD AND APPARATUS FOR CREATING A COVERAGE MAP [FR] PROCÉDÉ ET DISPOSITIF …	🗋	🗋	🗋

Abb. 5.19 Patentfamilie „Abdeckungskarte" der Robert Bosch GmbH

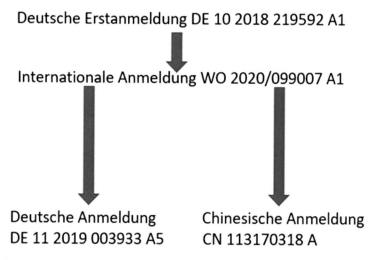

Deutsche Erstanmeldung DE 10 2018 219592 A1

Internationale Anmeldung WO 2020/099007 A1

Deutsche Anmeldung
DE 11 2019 003933 A5

Chinesische Anmeldung
CN 113170318 A

Abb. 5.20 Patentfamilie „Abdeckungskarte" der Robert Bosch GmbH – schematisch

gereicht, und zwar eine deutsche Patentanmeldung und ein deutsches Gebrauchsmuster. Für Deutschland wurde daher derselbe Gegenstand mit zwei Schutzrechten beansprucht. Der Grund kann darin liegen, dass angenommen wurde, dass von Anfang an ein durchsetzbares Schutzrecht erforderlich ist. Aus diesem Grund wurde das Gebrauchsmuster angemeldet. Das Gebrauchsmuster hätte ausgereicht, um prioritätswirksam für die internationale Anmeldung verwendet zu werden. Stattdessen wurde parallel eine deutsche Anmeldung angemeldet. Die Beweggründe für eine parallele deutsche Anmeldung können sein, dass schnell ein geprüftes, durchsetzbares Patent erhalten wird und dass ein Prüfbescheid des Patentamts innerhalb der Prioritätsfrist angestrebt wird, um die Erteilungsfähigkeit von Nachanmeldungen abschätzen zu können.

Nr.	Auswahl	Veröffentlichungs-Nummer ▲	Anmelde-datum	Titel	1. Seite	Gesamt-dokument	Recherchier-barer Text
1	☐	CN000111465539A	11.10.2018	[EN] WIPER BLADE DEVICE	📄	📄	
2	☐	DE202017006994U1	21.12.2017	[DE] Wischblattvorrichtung	📄	📄	📄
3	☐	DE102017223518A1	21.12.2017	[DE] Wischblattvorrichtung	📄	📄	📄
4	☐	EP000003727958A1	11.10.2018	[DE] WISCHBLATTVORRICHTUNG [EN] WIPER BLADE DEVICE [FR] DISPOSITIF FORMANT BALAI D'ESSUIE-GLACE	📄	📄	📄
5	☐	US020200331437A1	11.10.2018	[EN] WIPER BLADE DEVICE	📄	📄	📄
6	☐	WO002019120670A1	11.10.2018	[DE] WISCHBLATTVORRICHTUNG [EN] WIPER BLADE DEVICE [FR] DISPOSITIF FORMANT BALAI D'ESSUIE-GLACE	📄	📄	📄

Abb. 5.21 Patentfamilie „Wischblattvorrichtung" der Robert Bosch GmbH

Abb. 5.22 Patentfamilie „Wischblattvorrichtung" der Robert Bosch GmbH – schematisch

Die internationale Anmeldung wurde innerhalb der Prioritätsfrist unter Inanspruch-nahme der Priorität der deutschen Anmeldung eingereicht. Aus ihr sind eine europäische, eine chinesische und eine US-amerikanische Patentanmeldung hervorgegangen.

Die Abb. 5.22 zeigt die Entstehungsgeschichte der Patentfamilie „Wischblattvor-richtung" der Robert Bosch GmbH.

Die Patentfamilie „Werkzeugmaschine" der Robert Bosch GmbH umfasst nur ein Gebrauchsmuster, das aus einem erteilten europäischen Patent hervorgegangen ist. Aus dem europäischen Patent ergaben sich keine nationalen, europäischen Patente. Offensichtlich wurde festgestellt, dass die zugrunde liegende Erfindung keinen hohen wirtschaftlichen Stellenwert aufweist, sodass ein Schutz durch ein deutsches Gebrauchs-muster mit einer maximalen Laufzeit von 10 Jahren genügt (siehe Abb. 5.23).[26]

---

[26] DPMA, https://depatisnet.dpma.de/DepatisNet/depatisnet?window=1&space=main&content=basis&action=treffer&firstdoc=1#errormsg, abgerufen am 22.1.2022.

Nr.	Auswahl	Veröffentlichungs-Nummer ▲	Anmelde-datum	Titel	1. Seite	Gesamt-dokument	Recherchier-barer Text
1	☐	DE202012013579U1	09.01.2012	[DE] Werkzeugmaschine, mit einer hin- und hergehenden Abtriebsspindel	📄	📄	📄

Abb. 5.23 Gebrauchsmuster „Werkzeugmaschine" der Robert Bosch GmbH

Nr.	Auswahl	Veröffentlichungs-Nummer ▲	Anmelde-datum	Titel	1. Seite	Gesamt-dokument	Recherchier-barer Text
1	☐	CN000104242541B	23.06.2014		📄	📄	
2	☐	CN000104242541A	23.06.2014	[EN] Transmission-driving device	📄	📄	
3	☐	DE202013005680U1	24.06.2013	[DE] Getriebe-Antriebseinrichtung	📄	📄	📄

Abb. 5.24 Patentfamilie „Getriebe-Antriebseinrichtung" der Robert Bosch GmbH

Die Abb. 5.24 zeigt die Schutzrechte der Patentfamilie „Getriebe-Antriebsein-richtung".[27] Hierbei wurde ein deutsches Gebrauchsmuster angemeldet und eine chinesische Anmeldung unter Inanspruchnahme der Priorität des deutschen Gebrauchs-musters beim chinesischen Patentamt beantragt. Das chinesische Patent wurde bereits erteilt (B-Dokument als Nr. 1 der Abb. 5.24). Es handelt sich wohl um eine weniger bedeutsame Erfindung, bei der ein deutsches Gebrauchsmuster und ein chinesisches Patent ausreichend ist.

In der Abb. 5.25 sind die Schutzrechte der Patentfamilie „Vertrauensdomänen" auf-gelistet.[28] Hierbei kann festgestellt werden, dass die erste Anmeldung in den USA ein-gereicht wurde (US 20180124029A1), wobei bereits auf den Gegenstand der Anmeldung ein Patent erteilt wurde (US 10356067B2). Außerdem wurde innerhalb der Prioritätsfrist eine internationale Anmeldung eingereicht, aus der eine deutsche und eine chinesische Anmeldung hervorgegangen sind.

---

[27] DPMA, https://depatisnet.dpma.de/DepatisNet/depatisnet?window=1&space=main&content=f amilie&action=treffer&fromResultList=1&docid=DE202013005680U1&so=desc&sf=ad&first doc=1&famSearchFromHitlist=1, abgerufen am 23.12.2021.

[28] DPMA, https://depatisnet.dpma.de/DepatisNet/depatisnet?window=1&space=main&content=f amilie&action=treffer&fromResultList=1&docid=DE112017003354T5&so=desc&sf=ad&firstd oc=1&famSearchFromHitlist=1, abgerufen am 23.12.2021.

Nr.	Auswahl	Veröffentlichungs-Nummer	Anmelde-datum ▼	Titel	1. Seite	Gesamt-dokument	Recherchier-barer Text
1	☐	WO002018082885A1	12.10.2017	[EN] DEVICE AND METHOD FOR PROVIDING USER-CONFIGURED TRUST DOMAINS [FR] DISPOSITIF ET PROCÉDÉ POUR FOURNIR DES DOMAINES DE CONFIANCE CONFIGURÉS PAR L'UTILISATEUR …	🔒	🔒	🔒
2	☐	DE112017003354T5	12.10.2017	[DE] VORRICHTUNG UND VERFAHREN ZUM SCHAFFEN VON BENUTZERKONFIGURIERTENVERTRAUENSDOMÄNEN	🔒	🔒	🔒
3	☐	CN000109891852A	12.10.2017	[EN] DEVICE AND METHOD FOR PROVIDING USER-CONFIGURED TRUST DOMAINS	🔒	🔒	
4	☐	US000010356067B2	02.11.2016	[EN] Device and method for providing user-configured trust domains	🔒	🔒	🔒
5	☐	US020180124029A1	02.11.2016	[EN] Device and Method for Providing User-Configured Trust Domains	🔒	🔒	🔒

Abb. 5.25 Patentfamilie „Vertrauensdomänen" der Robert Bosch GmbH

US-amerikanische Erstanmeldung US 20180124029A1

⬇

Internationale Anmeldung WO 2018/082885 A1

⬇   ⬇

Deutsche Anmeldung DE 11 2017 003354 T5   Chinesische Anmeldung CN 109891852 A

Abb. 5.26 Patentfamilie „Vertrauensdomänen" der Robert Bosch GmbH – schematisch

Es ist bemerkenswert, dass nicht zuerst eine deutsche, sondern eine US-Anmeldung eingereicht wurde. Dies kann eventuell damit zusammenhängen, dass es sich hier um eine Softwareerfindung handelt, die sowieso eher in den USA als in Deutschland erteilungsfähig ist. Eventuell wollte man mit dem Rückenwind eines erteilten US-Patents die Erteilungswilligkeit in Deutschland und China unterstützen.

Die Abb. 5.26 zeigt die Schutzrechte der Patentfamilie „Vertrauensdomänen" in einer schematischen Darstellung, die die Entstehungsgeschichte verdeutlicht.

In der Abb. 5.27 sind die Schutzrechte der Patentfamilie „Partikelbelastung" präsentiert.[29] Zum Aufbau dieser Patentfamilie wurde zunächst eine deutsche Anmeldung

---

[29] DPMA, https://depatisnet.dpma.de/DepatisNet/depatisnet?window=1&space=main&content=familie&action=treffer&fromResultList=1&docid=DE102018218378A1&so=desc&sf=ad&firstdoc=1&famSearchFromHitlist=1, abgerufen am 23.12.2021.

Nr.	Auswahl	Veröffentlichungs-Nummer ▲	Anmelde-datum	Titel	1. Seite	Gesamt-dokument	Recherchier-barer Text
1	☐	CN0001111103219A	25.10.2019	[EN] System and method for determining particle contamination	📄	📄	
2	☐	DE102018218378A1	26.10.2018	[DE] System und Verfahren zum Bestimmen einer Partikelbelastung	📄	📄	📄
3	☐	US020200132582A1	21.10.2019	[EN] System and Method for Determining A Particle Contamination	📄	📄	📄
4	☐	US000010782221B2	21.10.2019	[EN] System and method for determining a particle contamination	📄	📄	📄

Abb. 5.27 Patentfamilie „Partikelbelastung" der Robert Bosch GmbH

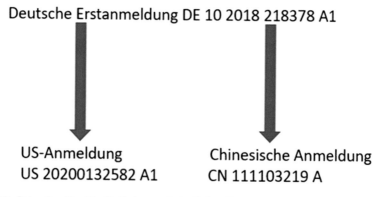

Abb. 5.28 Patentfamilie „Partikelbelastung" der Robert Bosch GmbH – schematisch

eingereicht und danach eine US-Anmeldung und eine chinesische Patentanmeldung bei den jeweiligen Patentämtern beantragt. Auf eine internationale Anmeldung wurde verzichtet. Ist innerhalb des Prioritätsjahrs bereits klar, in welchen ausländischen Ländern ein Patentschutz erforderlich ist, kann auf eine internationale Anmeldung verzichtet werden. Stattdessen kann in diesem Fall direkt eine nationale oder regionale Anmeldung bei den nationalen oder regional zuständigen Patentämtern eingereicht werden. Die Patentfamilie hat zwei Inhaber. Die Robert Bosch GmbH teilt sich die Inhaberschaft mit der Trumpf Photonic Components GmbH.

In der Abb. 5.28 sind die Schutzrechte der Patentfamilie „Partikelbelastung" in ihrer Entstehungsgeschichte dargestellt.

5.8.2 Beispiel: Daimler AG

Die Daimler AG hat sich im Februar 2022 in Mercedes-Benz Group AG umbenannt. Die nachfolgenden Patentdokumente weisen die bisherige Bezeichnung auf. Im Folgenden wird die Bezeichnung „Daimler AG" verwendet, um keine Verwirrung bezüglich der Inhaberschaft der diskutierten Patentschriften zu erzeugen. Die Daimler AG hatte eine Patentfamilie „Zugangs- und Fahrberechtigungen".

Diese Patentfamilie „Zugangs- und Fahrberechtigungen" der Daimler AG (siehe Abb. 5.29)[30] umfasst eine deutsche Erstanmeldung DE 10 2017 008084 A1 (siehe Abb. 5.30),[31] die für die Patentfamilie prioritätsbegründend ist. Es wurde eine internationale Anmeldung

Abb. 5.29 Patentfamilie „Zugangs- und Fahrberechtigungen" der Daimler AG

Abb. 5.30 Deutsche Erstanmeldung der Daimler AG

---

[30] DPMA, https://depatisnet.dpma.de/DepatisNet/depatisnet?window=1&space=main&content=f amilie&action=treffer&fromResultList=1&docid=DE102017008084A1&so=desc&sf=ad&first doc=1&famSearchFromHitlist=1, abgerufen am 7.1.2022.

[31] DPMA, https://depatisnet.dpma.de/DepatisNet/depatisnet?action=pdf&docid=DE10201700808 4A1&xxxfull=1&famSearchFromHitlist=1, abgerufen am 7.1.2022.

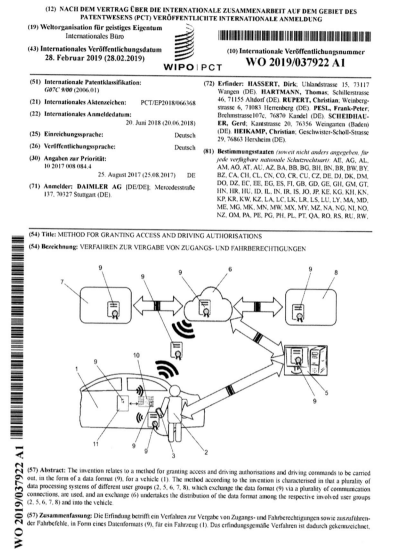

(12) NACH DEM VERTRAG ÜBER DIE INTERNATIONALE ZUSAMMENARBEIT AUF DEM GEBIET DES
PATENTWESENS (PCT) VERÖFFENTLICHTE INTERNATIONALE ANMELDUNG

(19) Weltorganisation für geistiges Eigentum
Internationales Büro

(43) Internationales Veröffentlichungsdatum
28. Februar 2019 (28.02.2019)

WIPO | PCT

(10) Internationale Veröffentlichungsnummer

WO 2019/037922 A1

(51) Internationale Patentklassifikation:
G07C 9/00 (2006.01)

(21) Internationales Aktenzeichen: PCT/EP2018/066368

(22) Internationales Anmeldedatum:
20. Juni 2018 (20.06.2018)

(25) Einreichungssprache: Deutsch

(26) Veröffentlichungssprache: Deutsch

(30) Angaben zur Priorität:
10 2017 008 084.4
25. August 2017 (25.08.2017) DE

(71) Anmelder: DAIMLER AG [DE/DE]; Mercedesstraße
137, 70327 Stuttgart (DE).

(72) Erfinder: HASSERT, Dirk; Uhlandstrasse 15, 73117
Wangen (DE). HARTMANN, Thomas; Schillerstrasse
46, 71155 Altdorf (DE). RUPERT, Christian; Weinberg-
strasse 6, 71083 Herrenberg (DE). PESL, Frank-Peter;
Brehmstrasse107c, 76870 Kandel (DE). SCHEIDHAU-
ER, Gerd; Kantstrasse 20, 76356 Weingarten (Baden)
(DE). HEIKAMP, Christian; Geschwister-Scholl-Strasse
29, 76863 Herxheim (DE).

(81) Bestimmungsstaaten (soweit nicht anders angegeben, für
jede verfügbare nationale Schutzrechtsart): AE, AG, AL,
AM, AO, AT, AU, AZ, BA, BB, BG, BH, BN, BR, BW, BY,
BZ, CA, CH, CL, CN, CO, CR, CU, CZ, DE, DJ, DK, DM,
DO, DZ, EC, EE, EG, ES, FI, GB, GD, GE, GH, GM, GT,
HN, HR, HU, ID, IL, IN, IR, IS, JO, JP, KE, KG, KH, KN,
KP, KR, KW, KZ, LA, LC, LK, LR, LS, LU, LY, MA, MD,
ME, MG, MK, MN, MW, MX, MY, MZ, NA, NG, NI, NO,
NZ, OM, PA, PE, PG, PH, PL, PT, QA, RO, RS, RU, RW,

(54) Title: METHOD FOR GRANTING ACCESS AND DRIVING AUTHORISATIONS

(54) Bezeichnung: VERFAHREN ZUR VERGABE VON ZUGANGS- UND FAHRBERECHTIGUNGEN

(57) Abstract: The invention relates to a method for granting access and driving authorisations and driving commands to be carried out, in the form of a data format (9), for a vehicle (1). The method according to the invention is characterised in that a plurality of data processing systems of different user groups (2, 5, 6, 7, 8), which exchange the data format (9) via a plurality of communication connections, are used, and an exchange (6) undertakes the distribution of the data format among the respective involved user groups (2, 5, 6, 7, 8) and into the vehicle.

(57) Zusammenfassung: Die Erfindung betrifft ein Verfahren zur Vergabe von Zugangs- und Fahrberechtigungen sowie auszuführen-
der Fahrbefehle, in Form eines Datenformats (9), für ein Fahrzeug (1). Das erfindungsgemäße Verfahren ist dadurch gekennzeichnet,

WO 2019/037922 A1

Abb. 5.31 Internationale Anmeldung der Daimler AG

WO 2019/037922 A1 (siehe Abb. 5.31)[32] eingereicht, die die Priorität der deutschen Erstanmeldung in Anspruch nimmt. Aus der internationalen Anmeldung ergaben sich eine europäische, eine US-amerikanische (siehe Abb. 5.32)[33], eine japanische und eine chinesische Anmeldung.

---

[32] DPMA, https://depatisnet.dpma.de/DepatisNet/depatisnet?action=pdf&docid=WO0020190379 22A1&xxxfull=1&famSearchFromHitlist=1, abgerufen am 7.1.2022.

[33] DPMA, https://depatisnet.dpma.de/DepatisNet/depatisnet?action=pdf&docid=US02021015525 6A1&xxxfull=1&famSearchFromHitlist=1, abgerufen am 7.1.2022.

US 20210155256A1

(19) **United States**

(12) **Patent Application Publication**   (10) Pub. No.: **US 2021/0155256 A1**
HASSERT et al.   (43) Pub. Date: **May 27, 2021**

(54) **METHOD FOR GRANTING ACCESS AND DRIVING AUTHORISATIONS**

(71) Applicant: **DAIMLER AG**, Stuttgart (DE)

(72) Inventors: **Dirk HASSERT**, Wangen (DE);
Thomas HARTMANN, Altdorf (DE);
Christian RUPERT, Herrenberg (DE);
Frank-Peter PESL, Kandel (DE);
Gerd SCHEIDHAUER, Weingarten
(Baden) (DE); **Christian HEIKAMP**,
Herxheim (DE)

(21) Appl. No.:   **16/641,473**

(22) PCT Filed: **Jun. 20, 2018**

(86) PCT No.:   **PCT/EP2018/066368**
§ 371 (c)(1),
(2) Date: **Feb. 24, 2020**

(30)   **Foreign Application Priority Data**

Aug. 25, 2017   (DE) 10 2017 008 084.4

Publication Classification

(51) **Int. Cl.**
B60W 50/12   (2006.01)
B60W 50/10   (2006.01)
B60W 40/08   (2006.01)
G07C 5/00   (2006.01)

(52) **U.S. Cl.**
CPC *B60W 50/12* (2013.01); *B60W 50/10*
(2013.01); *B60W 2040/0809* (2013.01); *G07C
5/008* (2013.01); *B60W 40/08* (2013.01)

(57)   **ABSTRACT**

A method for granting access and driving authorizations and
driving commands to be carried out, in the form of a data
format, for a vehicle. A plurality of data processing systems
of different user groups, which exchange the data format via
a plurality of communication connections, are used, and an
exchange undertakes the distribution of the data format
among the respective involved user groups and into the
vehicle.

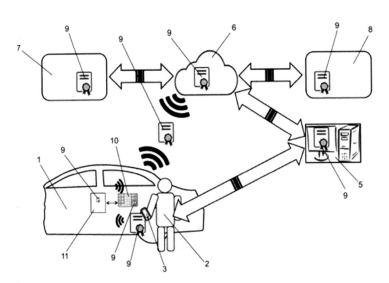

Abb. 5.32   US-Anmeldung der Daimler AG

Die Abb. 5.33 ist eine schematische Darstellung der Schutzrechte der Patentfamilie
„Zugangs- und Fahrberechtigungen" und verdeutlicht die Entstehungsgeschichte der
Patentfamilie.

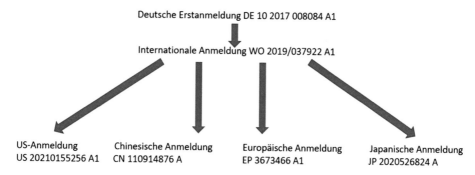

Abb. 5.33 Patentfamilie „Zugangs- und Fahrberechtigungen" der Daimler AG – schematisch

Abwehr störender Patente und Gebrauchsmuster

6

Inhaltsverzeichnis

6.1 Ansprüche 95
    6.1.1 Arten von Ansprüchen 95
    6.1.2 Hauptanspruch und Nebenansprüche 95
    6.1.3 Aufbau eines unabhängigen Anspruchs 96
    6.1.4 Anspruchssatz 98
    6.1.5 Merkmalsgliederung 99
6.2 Freedom-to-operate-Gutachten 101
6.3 Eingabe Dritter im Erteilungsverfahren 102
6.4 Einspruch 103
    6.4.1 Neuheit 103
    6.4.2 Erfinderische Tätigkeit 104
    6.4.3 Unzulässige Erweiterung 104
    6.4.4 Mangelnde Ausführbarkeit 105
6.5 Nichtigkeitsverfahren 105
    6.5.1 Nichtigkeitsgründe 106
    6.5.2 Nichtigkeitsklage 106
    6.5.3 Beteiligte des Nichtigkeitsverfahrens 107
    6.5.4 Verfahren in erster Instanz 108
    6.5.5 Klageänderung 108
    6.5.6 Parteiwechsel 109
    6.5.7 Klagerücknahme 109
    6.5.8 Erledigung der Hauptsache 109
    6.5.9 Prozessverbindung und Prozesstrennung 110
    6.5.10 Entscheidung in erster Instanz 110
    6.5.11 Berufungsverfahren 110
    6.5.12 Allgemeine Grundsätze 111
    6.5.13 Abgrenzung zum Einspruchsverfahren 111
6.6 Gebrauchsmusterlöschungsverfahren 111
6.7 Behinderung der Wettbewerber 112

T. H. Meitinger, *Patentstrategien*, https://doi.org/10.1007/978-3-662-65089-9_6

6.7.1   Nachveröffentlichter Stand der Technik 114
6.7.2   Erste Veröffentlichung des störenden Schutzrechts ist eine Offenlegungsschrift . 114
6.7.3   Erste Veröffentlichung des störenden Schutzrechts ist ein Patent 115
6.7.4   Ausnutzen der Zeitzonen 116
6.7.5   Abwehr. 116
6.8   U-Boot-Strategie 116
6.8.1   In der Beschreibung versteckter Gegenstand. 117
6.8.2   Teilanmeldung 117
6.8.3   Gebrauchsmusterabzweigung 118
6.8.4   Weiterentwicklungen innerhalb der Prioritätsfrist. 118

Eine Abwehr eines störenden Schutzrechts kann durch das Angreifen des betreffenden Schutzrechts erfolgen. Hierzu können insbesondere streitige Verfahren angestrengt werden, in denen das Schutzrecht bezüglich seiner Rechtsbeständigkeit geprüft wird. Streitige Verfahren sind das Einspruchsverfahren, das Nichtigkeitsverfahren und das Gebrauchsmusterlöschungsverfahren. Ist das störende Schutzrecht eine Patentanmeldung, kann eine Patenterteilung durch eine „Eingabe eines Dritten im Erteilungsverfahren" vereitelt werden.

Ist die Rechtsbeständigkeit eines Schutzrechts nicht angreifbar, kann durch eigene Anmeldungen, die allein dem Ziel dienen, den Wert des störenden Schutzrechts zu mindern, ein Angriff gestartet werden. Der Angriff dient dabei vornehmlich dem Zweck, eine Lizenzvereinbarung zu erzwingen.

Eine Abwehr eines störenden Patents ist natürlich nicht erforderlich, falls mit dem Inhaber des Patents eine Lizenzvereinbarung geschlossen werden kann. Allerdings ist der Patentinhaber nicht verpflichtet, eine Lizenzvereinbarung zu schließen. Er kann sich dazu entscheiden, das Patent alleine auszubeuten.

Eine Ausnahme besteht bei standardessentiellen Patenten. Es handelt sich dabei um Patente, die eine Industrienorm beanspruchen, die ein Hersteller einhalten muss, um überhaupt eine geschäftliche Tätigkeit ausüben zu können. In diesem Fall ist der Patentinhaber verpflichtet, jedem Interessenten eine Lizenz zu Frand-Bedingungen zur Verfügung zu stellen.[1] Eine Lizenz erfüllt die Frand-Voraussetzungen, falls sie fair (f = fair), angemessen (r = reasonable) und (a = and) nicht-diskriminierend (ND = non-discriminatory) ist.

Es werden im letzten Kapitel Vorlagen präsentiert, um Schutzrechte mit einer „Eingabe eines Dritten im Erteilungsverfahren"[2] oder einem Einspruch[3] anzugreifen. Ein erfolgreicher Angriff auf ein Schutzrecht ergibt sich, falls die Rechtsbeständigkeit der

---

[1] Bundesgerichtshof, Urteil vom 6. Mai 2009 – KZR 39/06 – Orange-Book-Standard.

[2] Siehe Abschn. 8.5

[3] Siehe Abschn. 8.6

Ansprüche erschüttert wird. Die Ansprüche spielen daher eine zentrale Rolle bei der Abwehr von Schutzrechten. Aus diesem Grund werden die wesentlichen Aspekte von Ansprüchen vorgestellt.

6.1 Ansprüche

Es werden die unterschiedlichen Arten von Ansprüchen und ihr Aufbau beschrieben.

6.1.1 Arten von Ansprüchen

Ein Anspruchssatz ist die Gesamtheit der Ansprüche eines Schutzrechts. Bei einem Patent oder einer Patentanmeldung werden die Ansprüche als „Patentansprüche" bezeichnet und bei einem Gebrauchsmuster handelt es sich um „Schutzansprüche". In einem Anspruchssatz gibt es einen Hauptanspruch, Nebenansprüche und Unteransprüche. Der Hauptanspruch und die Nebenansprüche werden als unabhängige Ansprüche bezeichnet. Die Unteransprüche können alternativ als abhängige Ansprüche bezeichnet werden.

6.1.2 Hauptanspruch und Nebenansprüche

Ein Anspruchssatz hat immer einen Hauptanspruch und zumeist Unteransprüche. Ein Anspruchssatz kann einen oder mehrere Nebenansprüche aufweisen, muss es aber nicht. Der Hauptanspruch ist der erste Anspruch in einem Anspruchssatz (Anspruch 1).[4] Der Hauptanspruch und die Nebenansprüche beschreiben jeweils eine Handlungsanleitung bzw. ein Rezept bzw. die technische Lehre zur Ausführung der Erfindung. Der Hauptanspruch und die Nebenansprüche bestimmen jeweils einen eigenen Schutzbereich. Nebenansprüche sind solche, die sich nicht auf einen anderen Anspruch rückbeziehen. Unteransprüche beziehen sich immer auf einen anderen Anspruch und umfassen daher sämtliche Merkmale mindestens eines Anspruchs (beispielsweise: „Vorrichtung nach einem der vorgehenden Ansprüche, wobei …"). Ein Hauptanspruch und ein Nebenanspruch eines Anspruchssatzes gehören zumeist unterschiedlichen Anspruchskategorien an (Verfahrensanspruch, Vorrichtungsanspruch und Anwendungsanspruch).[5]

In einem Anspruchssatz gibt es typischerweise einen Vorrichtungs- und einen Verfahrensanspruch. Der Vorrichtungsanspruch kann eine Vorrichtung zur Herstellung eines

---

[4] § 9 Absatz 4 Patentverordnung.
[5] § 9 Absatz 5 Satz 1 Patentverordnung.

Produkts oder das Produkt selbst betreffen. Diese Sache, die Vorrichtung zur Herstellung eines Produkts oder das Produkt, wird durch den Vorrichtungsanspruch rechtlich gegen Imitation geschützt. Der Anspruch sollte dabei derart formuliert sein, dass es einem Dritten nicht möglich ist, die technische Lehre des Anspruchs derart abzuändern, dass mit einer Umgehungslösung der technische Effekt der patentierten Erfindung ebenfalls erzielt wird, ohne dabei den Schutzumfang des Anspruchs zu verletzen.

Früher wurde zwischen einer wortwörtlichen und einer äquivalenten Verletzung unterschieden und Verletzungsgerichte haben großzügig im Sinne des Patentinhabers eine äquivalente Verletzung konstatiert. Eine äquivalente Patentverletzung als Abwandlung der Erfindung lag vor, falls der Fachmann zu der Abwandlung der Erfindung durch naheliegende, nicht erfinderische Überlegungen gelangen konnte und die Abwandlung gleichwertig und gleichwirkend zur patentgeschützten Erfindung war. Ein klassisches Beispiel ist ein Nagel, der in einem Anspruch beschrieben ist. In diesem Fall war eine Befestigung mit einer Schraube als äquivalente Ausführungsform durch den Schutzbereich mit umfasst. Aktuell werden nur noch wortwörtliche, und keine äquivalenten, Verletzungen von den Verletzungsgerichten akzeptiert.[6]

Unteransprüche beziehen sich auf einen Hauptanspruch oder einen nebengeordneten Anspruch.[7] Eine typische Formulierung ist: „…nach einem der vorhergehenden Ansprüche …" bzw. „…nach einem der Ansprüche 4 bis 6…". Ein Unteranspruch umfasst daher sämtliche Merkmale des referenzierten Haupt- oder Nebenanspruchs. Ein Unteranspruch stellt eine spezielle Ausführungsform des rückbezogenen Haupt- oder Nebenanspruchs dar. Haupt- und Nebenansprüche werden alternativ als unabhängige Ansprüche bezeichnet. Ein Synonym zu Unteranspruch ist abhängiger Anspruch.

6.1.3 Aufbau eines unabhängigen Anspruchs

Ein unabhängiger Anspruch kann ein Vorrichtungsanspruch, ein Verfahrensanspruch oder ein Anwendungsanspruch sein. Weist ein Anspruchssatz mehrere unabhängige Ansprüche auf, so müssen diese durch dieselbe wesentliche Idee verbunden sein. Hierdurch wird die Maßgabe der Einheitlichkeit sichergestellt, die fordert, dass in einem Patent nur eine einzige Erfindung beansprucht werden darf.[8]

Mehrere unabhängige Ansprüche eines Anspruchssatzes gehören unterschiedlichen Anspruchskategorien an. In einem Anspruchssatz kann ein Vorrichtungsanspruch, ein Verfahrensanspruch und eventuell noch ein Anwendungsanspruch enthalten sein. Der

---

[6] Bundesgerichtshof, Urteil vom 10. Mai 2011 - X ZR 16/09 – „Okklusionsvorrichtung"

[7] § 9 Absatz 6 Satz 1 Patentverordnung.

[8] § 9 Absatz 5 Satz 1 Patentverordnung und § 34 Absatz 5 Patentgesetz.

Tab. 6.1 Aufbau eines Vorrichtungsanspruchs

OBERBEGRIFF	1. Vorrichtung zum/zur … aufweisend/umfassend: Merkmal 1 zum/zur … Merkmal 2 zum/zur … Merkmal 3 zum/zur …,
	dadurch gekennzeichnet, dass (oder wobei)
KENNZEICHNENDER TEIL	die Vorrichtung aufweist: Merkmal 4, wobei das Merkmal 4 mit dem Merkmal 3 und/oder dem Merkmal 2 und/oder mit dem Merkmal 1 derart zusammenwirkt, dass der erfinderische Effekt entsteht.

Tab. 6.2 Aufbau eines Verfahrensanspruchs

OBERBEGRIFF	1. Verfahren zum/zur … aufweisend/umfassend die Schritte: Schritt 1 zum/zur … Schritt 2 zum/zur … Schritt 3 zum/zur …
	dadurch gekennzeichnet, dass (oder wobei)
KENNZEICHNENDER TEIL	die Vorrichtung zusätzlich den Schritt aufweist: Schritt 4, wobei der Schritt 4 mit dem Schritt 3 und/oder dem Schritt 2 und/oder mit dem Schritt 1 derart zusammenwirkt, dass der erfinderische Effekt entsteht.

Vorrichtungsanspruch kann beispielsweise eine erfindungsgemäße Vorrichtung zur Herstellung eines Produkts oder ein erfindungsgemäßes Produkt beschreiben. Der Verfahrensanspruch kann sich auf die Herstellung der Vorrichtung beziehen und der Anwendungsanspruch beansprucht eine erfinderische Anwendung der Erfindung. Typischerweise gibt es zu jedem unabhängigen Anspruch einen oder mehrere Unteransprüche. Die Unteransprüche enthalten spezielle Ausführungsformen der jeweiligen unabhängigen Ansprüche.

Die Tab. 6.1 stellt den Aufbau eines unabhängigen Vorrichtungsanspruchs dar. Die Tab. 6.2 zeigt den typischen Aufbau eines unabhängigen Verfahrensanspruchs.

Der Oberbegriff eines unabhängigen Anspruchs umfasst alle Merkmale, die im Stand der Technik bereits bekannt sind. Der kennzeichnende Teil weist die Merkmale auf, die neu und erfinderisch sind.

Es gibt Erfindungen, bei denen sind sämtliche einzelnen Merkmale bereits im Stand der Technik bekannt sind. Bei diesen sogenannten Kombinationserfindungen ist allerdings die Kombination neu und erfinderisch und führt zum überraschenden neuen technischen Effekt. In diesem Fall ist eine Unterscheidung in Oberbegriff und kennzeichnenden Teil nicht möglich und statt der Formulierung „dadurch gekennzeichnet, dass" oder „gekennzeichnet, durch" wird ein „wobei" verwendet.

6.1.4 Anspruchssatz

Beispielhafte Anspruchssätze werden in den Tab. 6.3 und 6.4 dargestellt. Die Tab. 6.3 zeigt einen Anspruchssatz, bei dem der Hauptanspruch ein Vorrichtungsanspruch ist. Die Ansprüche 2 bis 5 beziehen sich auf den Hauptanspruch und die jeweils vorhergehenden Unteransprüche.

Ein Unteranspruch bezieht sich auf einen unabhängigen Anspruch und in aller Regel auf alle vorhergehenden Unteransprüche, die sich auf denselben unabhängigen Anspruch

Tab. 6.3 Anspruchssatz mit einer Vorrichtung als Hauptanspruch

1. Vorrichtung zum/zur … umfassend/aufweisend:

2. Vorrichtung nach Anspruch 1, wobei …

3. Vorrichtung nach einem der Ansprüche 1 oder 2, wobei …

4. Vorrichtung nach einem der vorhergehenden Ansprüche, wobei …

5. Vorrichtung nach einem der vorhergehenden Ansprüche, wobei …

6. Verfahren zum/zur …, umfassend die Schritte … wobei eine Vorrichtung nach einem der vorhergehenden Ansprüche verwendet wird, um …

7. Verfahren nach Anspruch 6, ferner umfassend den Schritt/die Schritte …

8. Verfahren nach einem der Ansprüche 6 oder 7, ferner umfassend den Schritt/die Schritte …

9. Verfahren nach einem der Ansprüche 6 bis 8, ferner umfassend den Schritt/die Schritte …

Tab. 6.4 Anspruchssatz mit einem Verfahren als Hauptanspruch

1. Verfahren zum/zur … umfassend/aufweisend die Schritte: …

2. Verfahren nach Anspruch 1, ferner umfassend den Schritt/die Schritte …

3. Verfahren nach einem der Ansprüche 1 oder 2, ferner umfassend den Schritt/die Schritte …

4. Verfahren nach einem der vorhergehenden Ansprüche, ferner umfassend den Schritt/die Schritte …

5. Verfahren nach einem der vorhergehenden Ansprüche, ferner umfassend den Schritt/die Schritte …

6. Vorrichtung zum/zur …, umfassend/aufweisend … wobei ein Verfahren nach einem der vorhergehenden Ansprüche verwendet wird, um …

7. Vorrichtung nach Anspruch 6, umfassend/aufweisend …

8. Vorrichtung nach einem der Ansprüche 6 oder 7, umfassend/aufweisend …

9. Vorrichtung nach einem der Ansprüche 6 bis 8, umfassend/aufweisend …

beziehen. Eine Ausnahme liegt vor, wenn ein Begriff oder ein Merkmal beispielsweise erst im Unteranspruch 3 aufgenommen wird. Spezifiziert ein Unteranspruch 5 diesen Begriff oder das Merkmal näher, kann sich der Unteranspruch 5 nur auf die Ansprüche 3 und/oder 4 beziehen. Der Anspruchssatz weist einen Nebenanspruch als Anspruch 6 auf, auf den sich die Ansprüche 7 bis 9 beziehen.

In der Tab. 6.4 ist ein Anspruchssatz präsentiert, dessen Hauptanspruch ein Verfahrensanspruch ist. Der Anspruchssatz umfasst vier Unteransprüche, die sich auf den Hauptanspruch beziehen (Ansprüche 2 bis 5). Es gibt einen weiteren unabhängigen Anspruch 6, der ein Vorrichtungsanspruch ist. Die Ansprüche 7 bis 9 beziehen sich auf den Nebenanspruch 6 und stellen Unteransprüche dar.

Typischerweise umfassen Anspruchssätze 10 bis 15 Ansprüche. Der Grund für die zahlenmäßige Beschränkung sind Anspruchsgebühren, die im deutschen Verfahren ab dem 11. Anspruch[9] und beim europäischen Verfahren ab dem 16. Anspruch[10] fällig werden.

6.1.5 Merkmalsgliederung

Die Gesamtheit der unabhängigen Ansprüche bestimmen den Schutzumfang eines Patents. Die unabhängigen Ansprüche sind jeweils als ein Satz formuliert. Hierdurch soll zum Ausdruck gebracht werden, dass mit einem Schutzrecht nur eine einzige Erfindung beansprucht werden kann. Die Bestimmung, ob eine Patentverletzung vorliegt, erfordert einen Vergleich der einzelnen Merkmale des Anspruchs mit den Merkmalen des angeblich patentverletzenden Produkts oder Verfahrens.

Eine Merkmalsgliederung dient dazu, einen systematischen Vergleich zu ermöglichen, damit keine wesentlichen Aspekte unberücksichtigt bleiben. Außerdem wird hierdurch das Verständnis der technischen Lehre des Streitpatents erleichtert.

Bei der Erstellung der Merkmalsgliederung ist der konkrete Wortlaut des Anspruchs nicht zu verändern. Allerdings sollten mehrere Relativschachtelungen aufgelöst werden, damit das Verständnis erleichtert wird. Bezugszeichen dienen ebenfalls der Erleichterung des Verständnisses und sollten übernommen werden.

Die Patentschrift „Spiegel mit Display" DE 10 2015 104437 B4[11] enthält einen Anspruchssatz mit drei Ansprüchen, wobei ein unabhängiger Anspruch vorhanden ist. Der unabhängige Anspruch lautet:

---

[9] DPMA, https://www.dpma.de/service/gebuehren/patente/index.html, abgerufen am 26.12.2021.

[10] EPA, https://www.epo.org/law-practice/legal-texts/html/guidelines/d/a_iii_9.htm, abgerufen am 26.12.2021.

[11] DPMA, https://depatisnet.dpma.de/DepatisNet/depatisnet?action=pdf&docid=DE10201510443 7B4&xxxfull=1, abgerufen am 26.12.2021.

1. Spiegel zur Reflexion einer Person, umfassend: eine spiegelnde Oberfläche (1), wobei die spiegelnde Oberfläche (1) einen ersten Abschnitt (21, 22, 23) aufweist, der zumindest teilweise transparent ist, und ein Display (5) zur Anzeige von Daten, dadurch gekennzeichnet, dass das Display (5) aus Blickrichtung der Person hinter dem ersten Abschnitt (21, 22, 23) angeordnet ist und wobei die Daten Informationen zum Puls der Person umfassen, wobei die spiegelnde Oberfläche (1) einen zweiten Abschnitt (20) aufweist, der zumindest teilweise transparent ist, wobei der Spiegel ferner eine Vorrichtung mit einem Sensor in Form eines Infrarotsensors (2) zur Absendung von Infrarotstrahlung zu der Person und zum Empfang der an der Person reflektierten Infrarotstrahlung umfasst, wobei der Sensor (2) aus Blickrichtung der Person hinter dem zweiten Abschnitt (20) angeordnet ist, wobei der Spiegel ferner eine Schnittstelle (4) zu weiteren Vorrichtungen, beispielsweise einem Blutdruckmessgerät, einer Pulsuhr, einer Personenwaage, und/oder zum Internet aufweist und wobei die Schnittstelle (4) eine USB-Schnittstelle oder eine Funk-Schnittstelle ist, und wobei der Spiegel ferner eine Steuereinheit zur Steuerung des Displays (5) und des Infrarotsensors (2) sowie zur Auswertung der reflektierten Infrarotstrahlung für den Puls aufweist.

Ein Produkt kann nur dann patentverletzend sein, falls es sämtliche Merkmale des Hauptanspruchs erfüllt. Es sind daher sämtliche Merkmale des Anspruchs mit dem angeblich patentverletzenden Produkt zu vergleichen. Zur Erleichterung des Vergleichs erfolgt eine Gliederung der Merkmale des Anspruchs. Die Merkmale werden durchnummeriert. Mithilfe der Merkmalsnummern kann eine einfache Bezugnahme zu den einzelnen Merkmalen erfolgen. Die Merkmalsgliederung des oben dargestellten Anspruchs kann der nachfolgenden Tabelle entnommen werden:

M1: Spiegel zur Reflexion einer Person, umfassend:

M2: eine spiegelnde Oberfläche (1), wobei

M3: die spiegelnde Oberfläche (1) einen ersten Abschnitt (21, 22, 23) aufweist,

M4: der zumindest teilweise transparent ist, und

M5: ein Display (5) zur Anzeige von Daten, wobei

- Oberbegriff -

M6: das Display (5) aus Blickrichtung der Person hinter dem ersten Abschnitt (21, 22, 23) angeordnet ist und wobei

M7: die Daten Informationen zum Puls der Person umfassen, wobei

M8: die spiegelnde Oberfläche (1) einen zweiten Abschnitt (20) aufweist,

M9: der zumindest teilweise transparent ist, wobei

M10: der Spiegel ferner eine Vorrichtung mit einem Sensor in Form eines Infrarotsensors (2) zur Absendung von Infrarotstrahlung zu der Person und

M11: zum Empfang der an der Person reflektierten Infrarotstrahlung umfasst, wobei

M12: der Sensor (2) aus Blickrichtung der Person hinter dem zweiten Abschnitt (20) angeordnet ist, wobei

M13: der Spiegel ferner eine Schnittstelle (4) zu weiteren Vorrichtungen, beispielsweise einem Blutdruckmessgerät, einer Pulsuhr, einer Personenwaage, und/oder

M14:   zum Internet aufweist und wobei

M15:   die Schnittstelle (4) eine USB-Schnittstelle oder eine Funk-Schnittstelle ist, und wobei

M16:   der Spiegel ferner eine Steuereinheit zur Steuerung des Displays (5) und des Infrarotsensors (2) sowie zur Auswertung der reflektierten Infrarotstrahlung für den Puls aufweist.

- Kennzeichen –

Der Anspruch wurde in 16 Merkmale unterteilt. Für die Erstellung einer Merkmalsgliederung gibt es keine verbindlichen Regeln. Merkmalsgliederungen von unterschiedlichen Bearbeitern können daher Unterschiede aufweisen. Wichtig ist, dass die einzelnen Merkmale einen abgeschlossenen Sinngehalt darstellen. Die Passage „der Spiegel umfasst ferner eine Schnittstelle zu weiteren Vorrichtungen" (Merkmal M13 der obigen Merkmalsgliederung) sollte beispielsweise nicht in zwei Merkmale „der Spiegel umfasst ferner eine Schnittstelle" und „zu weiteren Vorrichtungen" aufgeteilt werden. Ein Merkmal „zu weiteren Vorrichtungen" ergibt keinen in sich abgeschlossenen Sinngehalt und kann daher nicht mit den Eigenschaften eines Produkts verglichen werden.

6.2   Freedom-to-operate-Gutachten

Ein Freedom-to-operate-Gutachten prüft die Ausübungsfreiheit für ein Produkt oder ein Verfahren. Ein Freedom-to-operate-Gutachten dient der Abschätzung, ob durch die gewerbliche Benutzung eines Produkts oder eines Verfahrens eine Verletzung fremder Schutzrechte besteht. Hierbei kann für Patente mit den amtlich geprüften Ansprüchen eine eindeutige Aussage getroffen werden. Bezüglich Patentanmeldungen und Gebrauchsmustern ist keine eindeutige Bewertung möglich, da es sich hierbei um ungeprüfte Schutzrechte handelt. Eine Ausnahme stellen Gebrauchsmuster dar, die das „Feuer" eines Gebrauchsmusterlöschungsverfahrens überstanden haben. In einem Gebrauchsmusterlöschungsverfahren findet im zweiseitigen Verfahren eine Prüfung der Rechtsbeständigkeit statt.

Für die Aussagekraft eines Freedom-to-operate-Gutachtens ist die Qualität der zugrunde liegenden Recherche entscheidend. Eine geeignete Recherche erfordert mehrere Tage Arbeit und sollte von einem entsprechend versierten Patentanwalt durchgeführt werden, der insbesondere in dem betreffenden technischen Gebiet über einschlägige Kenntnisse verfügt. Hierdurch wird sichergestellt, dass zielführende Schlagworte benutzt werden und die Rechercheergebnisse richtig eingeordnet werden.

Es sollte immer vor Augen geführt werden, dass selbst eine äußerst umfangreiche Recherche keine absolute Sicherheit bieten kann. Insbesondere ist es sehr schwierig asiatische Patentdokumente zu ermitteln und zu bewerten. Außerdem ergibt sich durch die 18-monatige Geheimhaltungsfrist der Patentämter ein Blind Spot, der eine Recherche aktueller Patentanmeldungen ausschließt. Eventuell können aber gerade Anmeldungen, die nicht länger als 18 Monate zurückliegen, wichtig für die Bewertung der Ausübungsfreiheit sein, falls die Wettbewerber in ähnlichen technologischen Gebieten forschen und entwickeln. Es besteht daher stets ein Restrisiko, das durch kein noch so gründliches Freedom-to-operate-Gutachten ausgeschlossen wird.

6.3   Eingabe Dritter im Erteilungsverfahren

Nach der Veröffentlichung der Offenlegungsschrift[12] kann jeder Dritte Einwendungen gegen die Patenterteilung beim zuständigen Patentamt einreichen.[13] Die Eingabe Dritter muss substantiiert sein, das bedeutet, dass die Beweismittel, insbesondere die Patentdokumente, anzugeben sind, die die mangelnde Patentfähigkeit begründen. Der Dritte wird durch seine Eingabe kein Beteiligter des Verfahrens.

Einwendungen Dritter beruhen in der Praxis zumeist auf mangelnde Neuheit oder fehlende erfinderische Tätigkeit des Gegenstands der Anmeldung. Es können jedoch auch mangelnde Klarheit[14], mangelnde Ausführbarkeit[15] oder eine unzulässige Änderung[16] angeführt werden.

Eine Eingabe Dritter kann ausschließlich die Übersendung der relevanten Dokumente des Stands der Technik umfassen. Es kann dem Dritten jedoch nicht verwehrt werden, Kommentare zu den eingereichten Dokumenten beizufügen, um damit die Arbeit des Prüfers zu erleichtern. Stimmt der Prüfer der Argumentation des Dritten zu, kann er per Copy-paste die Kommentare für seinen Bescheid verwenden.

Das rechtliche Instrument einer „Eingabe eines Dritten im Erteilungsverfahren" wird in der Praxis nur selten genutzt. Die Zurückhaltung wird damit begründet, dass man durch die Eingabe keine Partei wird, die es erlauben würde, mit den in das Verfahren eingebrachten Dokumenten zu argumentieren. Die Praxis lehrt jedoch, dass mit einer Eingabe ein Dritter sehr wohl effektiv eine Patenterteilung verhindern kann. Eine Eingabe Dritter ist bei einer Anmeldung eines Wettbewerbers empfehlenswert, die störend ist, die aber nicht so bedeutend ist, dass sich der Aufwand und die Kosten eines Einspruchs oder eines Nichtigkeitsverfahrens lohnen.

---

[12] Die Patentanmeldung wird 18 Monate nach dem Anmeldetag bzw. Prioritätstag gemäß § 32 Abs. 5 i. V. m. § 31 Abs. 2 Nr. 2 Patentgesetz bzw. Art. 93 EPÜ veröffentlicht.

[13] EPA, https://www.epo.org/law-practice/legal-texts/html/guidelines/d/e_vi_3.htm, abgerufen am 22.1.2022.

[14] Artikel 84 Satz 2 EPÜ.

[15] Artikel 83 EPÜ.

[16] Artikel 123 Absatz 2 EPÜ.

6.4 Einspruch

Innerhalb von neun Monaten nach der Veröffentlichung der Patenterteilung kann von jedermann ein Einspruch gegen ein erteiltes Patent erhoben werden (Popularklage).[17] Innerhalb der Einspruchsfrist muss zusätzlich eine Substantiierung der Einwände erfolgen. Es ist zu erläutern, aus welchen Gründen die Patenterteilung zurückzunehmen ist und es sind die Beweismittel zu benennen. Die am häufigsten vorgebrachten Einwände betreffen mangelnde Neuheit, keine erfinderische Tätigkeit, mangelnde Ausführbarkeit und unzulässige Erweiterung.

Das deutsche Einspruchsverfahren findet vor einem Gremium des Patentamts statt. Das Gremium umfasst Mitglieder einer Prüfungsabteilung. Nach Beendigung des Verfahrens wird das Patent widerrufen, beschränkt aufrechterhalten oder unverändert aufrechterhalten.[18] Gegen die Entscheidung des Gremiums des Patentamts kann Beschwerde vor dem Bundespatentgericht erhoben werden.[19]

Das europäische Einspruchsverfahren ist ähnlich geregelt, wobei gegen die Entscheidung einer Einspruchsabteilung des Europäischen Patentamts ebenfalls eine Beschwerde möglich ist. Die Einspruchsbeschwerde wird jedoch nicht vor einem unabhängigen Gericht, wie beim deutschen Einspruchsbeschwerdeverfahren, sondern vor einer Einspruchsbeschwerdeabteilung des Europäischen Patentamts verhandelt.

6.4.1 Neuheit

Ein Anspruch ist nicht neu, falls der Gegenstand des Anspruchs dem Stand der Technik angehört.[20] Kann der Gegenstand eines Anspruchs wortwörtlich einer Stelle eines Dokuments des Stands der Technik entnommen werden, ist der Anspruch neuheitsschädlich getroffen. Der betreffende Anspruch ist nicht rechtsbeständig und wird im Einspruchsverfahren widerrufen.[21] Dies gilt jedoch nur, falls es sich um einen unabhängigen Anspruch handelt oder falls es sich um einen abhängigen Anspruch handelt, der sich auf Ansprüche bezieht, die ebenfalls nicht rechtsbeständig sind.

Zum Stand der Technik gehören sämtliche Dokumente, die vor dem Anmeldetag veröffentlicht wurden. Benutzungen der Erfindung in der Öffentlichkeit (öffentliche

---

[17] § 59 Absatz 1 Satz 1 Patentgesetz bzw. Artikel 99 Absatz 1 Satz 1 EPÜ.

[18] § 61 Absatz 1 Satz 1 Patentgesetz.

[19] § 65 Absatz 1 Satz 1 Patentgesetz.

[20] § 3 Absatz 1 Satz 1 Patentgesetz bzw. Artikel 54 Absatz 1 EPÜ.

[21] § 61 Absatz 1 Satz 1 Patentgesetz bzw. Artikel 101 Absatz 2 Satz 1 EPÜ.

Vorbenutzungen) gelten ebenfalls als relevanter Stand der Technik.[22] Vorträge auf
Messen oder Veranstaltungen, Präsentationen neuer Produkte für Kunden, falls keine
Geheimhaltungsvereinbarung gilt, Darstellungen auf Websites, Patente, Patentanmeldungen oder Gebrauchsmuster mit früherem Anmeldetag gelten als zu berücksichtigender Stand der Technik.

Patentdokumente, die vor dem Anmeldetag eines Patents beim Patentamt eingereicht wurden, die aber erst am oder nach dem Anmeldetag veröffentlicht wurden,
werden zur Bewertung der Neuheit des Patents herangezogen.[23] Diese nachveröffentlichten Dokumente werden nicht bei der Bewertung der erfinderischen Tätigkeit berücksichtigt.[24]

6.4.2   Erfinderische Tätigkeit

Neben der Neuheit ist das Kriterium der erfinderischen Tätigkeit die zweite wichtige
Voraussetzung der Rechtsbeständigkeit eines Patents. Erfinderische Tätigkeit liegt vor,
falls die im Patent beschriebene Erfindung für den Durchschnittsfachmann nicht naheliegend ist.[25]

6.4.3   Unzulässige Erweiterung

Eine unzulässige Erweiterung liegt vor, falls in dem Patent Gegenstände enthalten sind,
die nicht Inhalt der ursprünglich beim Patentamt eingereichten Anmeldeunterlagen sind.
Beispielsweise kann eine unzulässige Erweiterung vorliegen, weil in der Beschreibung
des Patents eine Stelle enthalten ist, die während des Erteilungsverfahrens hineingeraten
ist. In diesem Fall kann der Patentinhaber auf diese Stelle verzichten, um die Gefährdung
der Rechtsbeständigkeit abzuwenden. Dasselbe gilt für eine unzulässige Erweiterung in
einem Unteranspruch, auf den der Patentinhaber verzichten kann.

Die Situation ist kritischer, falls ein unabhängiger Anspruch im europäischen Verfahren von der unzulässigen Erweiterung betroffen ist. In diesem Fall muss auf das
Merkmal verzichtet werden, durch das der betreffende Anspruch unzulässig erweitert
wurde.[26] Durch die Streichung des Merkmals ergibt sich in aller Regel ein größerer
Schutzumfang des Anspruchs. Dies widerspricht jedoch dem Artikel 123 Absatz 3 EPÜ,
der bestimmt, dass der Schutzbereich eines erteilten Patents nicht vergrößert werden

---

[22] § 3 Absatz 1 Satz 2 Patentgesetz bzw. Artikel 54 Absatz 2 EPÜ.

[23] § 3 Absatz 2 Patentgesetz bzw. Artikel 54 Absatz 3 EPÜ.

[24] § 4 Satz 2 Patentgesetz bzw. Artikel 56 Satz 2 EPÜ.

[25] § 4 Satz 1 Patentgesetz bzw. Artikel 56 Satz 1 EPÜ.

[26] Artikel 123 Absatz 2 EPÜ.

darf. Hierdurch ergibt sich eine „unentrinnbare Falle", aus der der Patentinhaber nur entkommt, falls er das zu löschende Merkmal durch ein zulässiges Merkmal ersetzen kann, das sicherstellt, dass der Schutzumfang nicht vergrößert wird. Typischerweise wird sich ein geeignetes Ersatz-Merkmal in der Beschreibung des Patents nicht finden und der Patentinhaber muss auf den Anspruch ganz verzichten.

Aus der unentrinnbaren Falle kann noch in der Weise entronnen werden, dass von dem europäischen Patent ein Gebrauchsmuster abgezweigt wird.[27] Es können für das Gebrauchsmuster neue zulässige Ansprüche formuliert werden und ein rechtlicher Schutz kann zumindest für Deutschland erhalten werden.[28]

6.4.4 Mangelnde Ausführbarkeit

Eine Erfindung ist nicht ausführbar, falls ein Durchschnittsfachmann nicht in der Lage ist, anhand der technischen Lehre des Patents die Erfindung auszuführen.[29] Ist es erforderlich, dass der Fachmann umfangreiche eigene Versuchsreihen durchführt oder sogar selbst erfinderisch tätig sein muss, um zum Gegenstand der Erfindung zu gelangen, gilt die Erfindung des Patents als nicht ausführbar. Die Ausführbarkeit musste am Anmelde- oder Prioritätstag gegeben sein. Eine spätere Ausführbarkeit heilt keine mangelnde Ausführbarkeit am Anmelde- oder Prioritätstag.[30]

6.5 Nichtigkeitsverfahren

In einem Nichtigkeitsverfahren können dieselben Aspekte der Neuheit, der erfinderischen Tätigkeit und der unzulässigen Erweiterung geprüft werden, die auch in einem Einspruchsverfahren relevant sind.

Ein Nichtigkeitsverfahren bedeutet im Vergleich zum Einspruchsverfahren ein hohes Prozesskostenrisiko, denn es gilt die Kostentragungspflicht der unterliegenden Partei.[31] Das bedeutet, dass die Partei, die das Verfahren verloren hat, die Gerichtskosten und die Kosten für die Anwälte beider Parteien tragen muss. Es ist daher ratsam, die Kosten für die Erstellung einer professionellen Nichtigkeitsklage durch einen versierten Patent-

---

[27] § 5 Absatz 1 Satz 1 Gebrauchsmustergesetz.

[28] Meitinger, Thomas Heinz, Die Gebrauchsmusterabzweigung: Rettung im deutschen und europäischen Einspruchsverfahren?, Mitteilungen der deutschen Patentanwälte, 112, Juli/August, 2021, S. 305–307.

[29] § 34 Absatz 4 Patentgesetz.

[30] Schulte/Moufang, Patentgesetz mit EPÜ, 10. Auflage, § 34 Rdn. 338..

[31] § 91 Absatz 1 Satz 1 ZPO.

anwalt zu investieren, um das Prozesskostenrisiko nicht unnötig zu erhöhen. Außerdem sollte der befasste Patentanwalt das Verfahren führen.

6.5.1 Nichtigkeitsgründe

Die möglichen Gründe, derentwegen ein Patent für nichtig erklärt wird, stimmen mit den Widerrufsgründen überein, die zu einem Widerruf eines Patents in einem Einspruch führen können.[32] In einem Nichtigkeitsverfahren kann zusätzlich eine unzulässige Änderung angeführt werden, die sich durch eine Änderung des Patents im Einspruchsverfahren ergibt.[33]

Eine mangelnde Einheitlichkeit, also der Verstoß gegen die Regel, dass durch ein Patent nur eine einzige Erfindung geschützt werden kann, stellt kein Nichtigkeitsgrund dar. Außerdem sind eine mangelnde Klarheit der Patentansprüche und ein Verstoß gegen das Doppelschutzverbot keine Gründe, die zu einer Nichtigerklärung eines Patents führen können. Eine falsche Erfinderbenennung stellt ebenfalls kein Nichtigkeitsgrund dar.

6.5.2 Nichtigkeitsklage

Die Nichtigkeitsklage kann sich gegen ein deutsches oder ein mit Wirkung für Deutschland erteiltes europäisches Patent richten. Mit einer Nichtigkeitsklage kann nicht ein Gebrauchsmuster angegriffen werden. Gegen ein bereits erloschenes Patent kann Nichtigkeitsklage erhoben werden, wenn ein Rechtsschutzinteresse besteht. Ein Rechtsschutzinteresse ist beispielsweise gegeben, falls der Patentinhaber gegen den Nichtigkeitskläger Schadensersatzforderungen wegen Patentverletzungen in der Vergangenheit geltend macht.

Die Nichtigkeitsklage ist schriftlich mit eigenständiger Unterschrift beim Bundespatentgericht einzureichen. Außerdem ist eine Gerichtsgebühr zu entrichten, die sich nach dem Streitwert richtet.[34] Die Gebühr wird mit dem Einreichen der Klageschrift fällig.[35] Erst nach Entrichtung der Gebühr wird die Klage an den Patentinhaber zugestellt.[36] Wird die Gerichtsgebühr nicht innerhalb von drei Monaten nach Einreichen

---

[32] § 21 Absatz 1 Patentgesetz.

[33] § 22 Absatz 1 Patentgesetz.

[34] § 2 Absatz 2 Satz 1 Patentkostengesetz.

[35] § 3 Absatz 1 Satz 1 Patentkostengesetz.

[36] § 5 Absatz 1 Satz 3 Patentkostengesetz.

der Klage bezahlt, gilt die Klage als nicht erhoben.[37] Der Patentinhaber kann von einem ausländischen Nichtigkeitskläger Sicherheitsleistung verlangen, es sei denn der Nichtigkeitskläger hat seinen Sitz oder Wohnsitz in der Europäischen Union oder in dem Europäischen Wirtschaftsraum.[38]

6.5.3 Beteiligte des Nichtigkeitsverfahrens

Beteiligte des Verfahrens sind der Inhaber des angegriffenen Patents und der Nichtigkeitskläger. Gibt es mehrere Inhaber, stellt die Gesamtheit der Inhaber eine notwendige Streitgenossenschaft dar.

Die Nichtigkeitsklage ist eine Popularklage, daher kann jedermann gegen ein bestehendes Patent eine Nichtigkeitsklage erheben. Es ist hierzu kein Nachweis eines Rechtsschutzinteresses erforderlich. In der Praxis klagen vor allem mit einer Verletzungsklage Angegriffene gegen das der Verletzungsklage zugrunde liegende Patent. Angesichts des hohen Aufwands und des Prozesskostenrisikos ist es nahezu ausgeschlossen, dass eine Person ohne Rechtsschutzinteresse das Wagnis eines Nichtigkeitsverfahrens auf sich nimmt. Die Gestaltung der Nichtigkeitsklage als Popularklage führt daher allenfalls dazu, dass auch Strohmänner als Kläger auftreten.

Ein Einspruch, der zurückgewiesen wurde, macht eine Nichtigkeitsklage nicht unzulässig. Allerdings darf eine Nichtigkeitsklage nicht gegen den Grundsatz von Treu und Glauben verstoßen.[39]

Mehrere Kläger können gemeinsam ein Nichtigkeitsverfahren anstrengen und bilden dann eine Streitgenossenschaft.[40] Der Streitgenossenschaft kann von einem Dritten beigetreten werden, falls die Streitgenossen dem Beitritt zustimmen.[41] Andernfalls kann der Dritte eine eigene Nichtigkeitsklage erheben. Diese zweite Klage kann mit der Klage der Streitgenossen verbunden werden.[42]

Ein Beitritt zu einem Nichtigkeitsverfahren auf Kläger- oder Beklagtenseite ist nur möglich, falls der Streithelfer (Nebenintervenient) ein rechtliches Interesse nachweisen kann. Hierzu genügt bereits, dass es zwischen dem bereits Beteiligten am Verfahren und dem Streithelfer eine Rechtsbeziehung besteht, die durch die Entscheidung des Nichtigkeitsverfahrens beeinflusst werden kann. Ansonsten genügt als rechtliches Interesse die Gefahr einer Beeinträchtigung der eigenen geschäftlichen Tätigkeit durch den Ausgang des Verfahrens.

---

[37] § 6 Absatz 2 Patentkostengesetz.

[38] § 81 Absatz 6 Satz 1 Patentgesetz.

[39] § 242 BGB.

[40] § 99 Absatz 1 Patentgesetz i. V. m. §§ 59 ff. ZPO.

[41] § 99 Absatz 1 Patentgesetz i. V. m. §§ 59, 60 ZPO.

[42] § 99 Absatz 1 Patentgesetz i. V. m. § 147 ZPO.

6.5.4   Verfahren in erster Instanz

Das Verfahren in der ersten Instanz beginnt mit der Zustellung der Klageschrift an den Beklagten. Dem Beklagten wird eine Frist von einem Monat eingeräumt, um sich zur Klage zu erklären.[43] Widerspricht der Beklagte der Nichtigkeitsklage, wird ihm eine weitere Frist von zwei Monaten gesetzt, um seinen Widerspruch zu begründen.[44] Anschließend wird ein Termin zur mündlichen Verhandlung bestimmt. Verfahren vor dem Bundespatentgericht finden nie nur im schriftlichen Verfahren statt. Die mündliche Verhandlung wird protokolliert.[45] Eine Ausnahme besteht, falls beide Parteien auf eine mündliche Verhandlung verzichten.[46]

Der Senat des Bundespatentgerichts erkundigt sich bei den Beteiligten zu Beginn der Verhandlung, ob Aussicht auf eine gütliche Einigung besteht. Signalisieren die Parteien, dass ein Vergleich möglich ist, kann die mündliche Verhandlung unterbrochen werden. Ansonsten führt der Vorsitzende Richter in den Sachstand ein, wobei üblicherweise Hinweise gegeben werden, an welchen Stellen der Senat Klärungsbedarf sieht. In der mündlichen Verhandlung tragen die Parteien ihre Argumente vor, wobei es zu empfehlen ist, die aus der Sicht des Senats klärungsbedürftigen Punkte zu diskutieren. Nach Ende der mündlichen Verhandlung berät der Nichtigkeitssenat und gibt in aller Regel direkt danach seine Entscheidung bekannt.

6.5.5   Klageänderung

Eine Klageänderung liegt vor, falls der Streitgegenstand geändert wird. Führt der Kläger beispielsweise einen weiteren Nichtigkeitsgrund ein, mit dem zuvor nicht das Patent angegriffen wurde, liegt eine Klageänderung vor. Eine Klageänderung ist zulässig, falls die gegnerische Partei einwilligt oder der Nichtigkeitssenat sie für sachdienlich erachtet.[47] Eine Einwilligung der gegnerischen Partei liegt vor, falls sich diese rügelos auf den neu eingeführten Nichtigkeitsgrund einlässt.[48]

Ein neuer Nichtigkeitsgrund kann daher auch nicht zum Verfahren zugelassen werden. Es ist daher für den Kläger empfehlenswert, zumindest die „Standard"-Nichtigkeitsgründe in das Verfahren einzuführen, um im schriftlichen Verfahren oder in der mündlichen Verhandlung „Gestaltungsspielraum" zu wahren und nötigenfalls eine geänderte

---

[43] § 82 Absatz 1 Patentgesetz.
[44] § 82 Absatz 3 Satz 2 Patentgesetz.
[45] § 92 Patentgesetz.
[46] § 82 Absatz 4 Satz 2 Patentgesetz.
[47] § 99 Absatz 1 Patentgesetz i. V. m. § 263 ZPO.
[48] § 99 Absatz 1 Patentgesetz i. V. m. § 267 ZPO.

Argumentation zu ermöglichen. Eine Nichtigkeitsklage sollte zumindest mangelnde Neuheit und fehlende erfinderische Tätigkeit als Nichtigkeitsgründe anführen.

Außerdem liegt eine Klageänderung vor, falls bisher nicht angegriffene Ansprüche angegriffen werden.

6.5.6 Parteiwechsel

Ein Parteiwechsel wird in der Praxis vom Gericht großzügig behandelt, wenn trotz des Parteiwechsels der Prozessstoff gleich bleibt und dadurch ein zusätzlicher Prozess vermieden werden kann.

Ein Parteiwechsel ist nicht möglich, falls das Streitpatent erloschen ist und der neuen Partei ein Rechtsschutzinteresse fehlt. In diesem Fall wäre eine eigene Klage der neuen Partei ebenfalls nicht zulässig, weswegen ein Parteiwechsel aus Verfahrensökonomie ausgeschlossen wird.

6.5.7 Klagerücknahme

Eine Klagerücknahme ist jederzeit bis zur Rechtskraft der Entscheidung des Bundespatentgerichts möglich. Eine Einwilligung des Beklagten ist nicht erforderlich, da es sich bei einer Nichtigkeitsklage um eine Popularklage handelt, an der niemand gegen seinen Willen festgehalten werden kann.

6.5.8 Erledigung der Hauptsache

Eine „Erledigung der Hauptsache" liegt vor, wenn die Klage nach Klageerhebung unzulässig oder unbegründet wird. Insbesondere bei Erlöschen des Streitpatents, beispielsweise durch Nichtzahlung der Jahresgebühren oder durch einen Verzicht des Patentinhabers, kann die Hauptsache für erledigt erklärt werden, falls der Kläger kein Rechtsschutzinteresse an einer Nichtigerklärung des Streitpatents von Anfang an[49] darlegen kann.

---

[49] ex tunc, lateinisch: „von Anfang an, rückwirkend", im Gegensatz zu ex nunc, lateinisch: „ab jetzt", „von nun an".

6.5.9   Prozessverbindung und Prozesstrennung

Liegen dem Bundespatentgericht mehrere Klagen gegen dasselbe Patent vor, werden diese Klagen in aller Regel zu einem einzigen Prozess zusammengeführt (Prozessverbindung).[50] Durch eine Prozessverbindung können sich Streitgenossenschaften ergeben. Richtet sich eine Klage gegen mehrere Patente, erfolgt eine Prozesstrennung.[51]

6.5.10 Entscheidung in erster Instanz

Die Entscheidung in erster Instanz erfolgt nach Beendigung der mündlichen Verhandlung durch ein Urteil.[52] Das Urteil umfasst das Rubrum, den Urteilstenor (Urteilsformel), den Tatbestand, die Entscheidungsgründe und die Unterschriften der beteiligten Richter. Das Rubrum entspricht einer Betreffzeile und umfasst im Wesentlichen das Aktenzeichen, die Parteien, die Richter und das Datum der mündlichen Verhandlung. Der Urteilstenor ist die Entscheidungsformel, also dass „das Patent für nichtig erklärt" wird, dass das „Patent im Umfang … für nichtig erklärt wird" oder dass die Klage abgewiesen wird. Bei einem europäischen Patent wird „das europäische Patent mit Wirkung für das Hoheitsgebiet der Bundesrepublik Deutschland für nichtig erklärt".

Eine Kostenentscheidung ergeht zusammen mit der Sachentscheidung.[53] Hierbei werden in aller Regel die Kosten der unterliegenden Partei aufgebürdet. Die unterliegende Partei muss daher die Kosten des eigenen Anwalts, die Kosten des Anwalts der Gegenseite und die Gerichtskosten tragen.

6.5.11 Berufungsverfahren

Das Berufungsverfahren findet vor dem Bundesgerichtshof statt. Die zweite Instanz ist seit dem 1. Oktober 2009 keine Tatsacheninstanz mehr. Das Berufungsgericht ist daher an die Tatsachenfeststellung des Bundespatentgerichts gebunden, solange die Richtigkeit der Tatsachenbewertung nicht offensichtlich falsch ist. Neue Erwägungen und Tatsachen, die in der ersten Instanz hätten vorgebracht werden können, werden nicht berücksichtigt.

---

[50] § 99 Absatz 1 Patentgesetz i. V. m. § 147 ZPO.

[51] § 99 Absatz 1 Patentgesetz i. V. m. § 145 ZPO.

[52] § 84 Absatz 1 Satz 1 Patentgesetz.

[53] § 84 Absatz 2 Satz 2 Patentgesetz.

6.5.12 Allgemeine Grundsätze

Das Nichtigkeitsverfahren ist kein Verfahren von Amts wegen. Das Bundespatentgericht wird nicht ohne eine Klage tätig und eine Klagerücknahme beendet das Verfahren. Dies steht im Gegensatz zu einem Einspruchsverfahren, bei dem die Rücknahme nicht automatisch das Ende des Einspruchsverfahren bedeutet.[54] Daraus folgt konsequenterweise, dass nur die angegriffenen Ansprüche des Streitpatents einer Prüfung durch den Nichtigkeitssenat unterzogen werden. Nicht angegriffene Ansprüche bleiben unberücksichtigt.

Der Sachverhalt hingegen wird vom Nichtigkeitssenat von Amts wegen untersucht und bewertet.[55] Das Gericht ist nicht an das Vorbringen der Parteien gebunden. Es gilt hierbei der Amtsermittlungsgrundsatz (Untersuchungsgrundsatz). Der Umfang der Prüfung entspricht dem eines Erteilungsverfahrens des Patentamts.

6.5.13 Abgrenzung zum Einspruchsverfahren

Im Gegensatz zum Einspruchsverfahren ist ein Nichtigkeitsverfahren nicht fristgebunden. Jederzeit kann eine Nichtigkeitsklage beim Bundespatentgericht erhoben werden. Allerdings ist eine Nichtigkeitsklage unzulässig, solange die Einspruchsfrist nicht abgelaufen ist oder ein Einspruchsverfahren anhängig ist.[56]

Ein weiterer Unterschied ist, dass das Einspruchsverfahren ein Teil des Verwaltungsverfahrens des Patentamts ist, wohingegen es sich bei dem Nichtigkeitsverfahren um ein gerichtliches Verfahren handelt.

6.6   Gebrauchsmusterlöschungsverfahren

Ein Gebrauchsmusterlöschungsverfahren ist ein nicht-öffentliches, zweiseitiges Verfahren vor dem Patentamt.

Ein Gebrauchsmuster ist ein ungeprüftes Schutzrecht. Es wird vor der Eintragung in das Gebrauchsmusterregister nur auf formale Kriterien geprüft. Eine Prüfung auf Neuheit und erfinderischen Schritt findet nicht statt. Der Anmelder kann allenfalls eine amtliche Recherche nach den relevanten Dokumenten des Stands der Technik, die zur Beurteilung der Neuheit und des erfinderischen Schritts heranzuziehen sind, beantragen.[57] Eine Auswertung des Rechercheergebnisses durch das Patentamt findet

---

[54] § 61 Absatz 1 Satz 2 Patentgesetz.

[55] § 87 Absatz 1 Patentgesetz.

[56] § 81 Absatz 2 Satz 1 Patentgesetz.

[57] § 7 Absatz 1 Gebrauchsmustergesetz.

nicht statt. Erst durch ein Gebrauchsmusterlöschungsverfahren erfolgt eine amtliche Prüfung des Gebrauchsmusters auf Rechtsbeständigkeit.

Ein Gebrauchsmusterlöschungsverfahren wird auf Antrag eines Dritten begonnen. Der Dritte muss hierzu kein Rechtsschutzinteresse, beispielsweise eine Abmahnung durch den Inhaber des Gebrauchsmusters, nachweisen. Für einen wirksamen Antrag ist eine Gebühr von 300 € zu entrichten.[58] Der Antrag muss außerdem schriftlich begründet sein, wobei darzulegen ist, auf Basis welcher Beweismittel bzw. Dokumente des Stands der Technik von einer mangelnden Rechtsbeständigkeit auszugehen ist.

Das Gebrauchsmusterlöschungsverfahren kann der Dritte ohne anwaltliche Vertretung führen. Es besteht kein Anwaltszwang.

Die Entscheidung über das Gebrauchsmuster wird von einem dreiköpfigen Gremium gefällt, dessen Vorsitzender ein Jurist ist, dem zwei Patentprüfer beigeordnet sind. Gegen die Beschlüsse des Gremiums ist Beschwerde vor dem Bundespatentgericht möglich.

Im Gebrauchsmusterlöschungsverfahren gilt die Kostentragungspflicht der unterliegenden Partei, weswegen die unterliegende Partei nicht nur die eigenen Kosten, sondern auch die der Gegenseite tragen muss.[59] Es ist daher empfehlenswert, einen versierten Patentanwalt mit der Ausarbeitung des Antrags und der Vertretung vor dem Gremium des Patentamts zu beauftragen.

6.7   Behinderung der Wettbewerber

Ist es nicht möglich, ein Schutzrecht anzugreifen und zu vernichten bzw. eine Freilizenz mit einem recherchierten Stand der Technik zu erlangen, kann versucht werden, den Inhaber des störenden Schutzrechts durch Erzeugen einer Patt-Situation zu Lizenzverhandlungen zu zwingen.

Diese Strategie strebt an, einzelne wirtschaftlich bedeutsame Abschnitte aus einem Schutzbereich eines Wettbewerbers zu beanspruchen, wodurch sich eine Patt-Situation ergibt. Hierdurch kann es für den Patentinhaber des störenden Patents erforderlich sein, mit dem Inhaber des jüngeren Patents eine Einigung herbeizuführen, um auch zukünftig den vollen Schutzumfang seines Patents nutzen zu können.

Die Weiterentwicklung der technischen Lehre eines Patents, einer Patentanmeldung oder eines Gebrauchsmusters kann zum Patent angemeldet werden. Hierdurch kann sich ein erteiltes Schutzrecht ergeben, das einen Teil des Schutzumfangs des älteren Schutzrechts in Anspruch nimmt. Nach dem Patentgesetz steht beiden Schutzrechtsinhabern ein Verbietungsrecht zu.[60] Bezüglich des Schutzumfangs des jüngeren Patents ergibt sich

---

[58] DPMA, https://www.dpma.de/service/gebuehren/gebrauchsmuster/index.html, abgerufen am 5.1.2021.

[59] § 91 Absatz 1 Satz 1 ZPO.

[60] § 9 Satz 2 Patentgesetz.

daher eine Patt-Situation für beide Patentinhaber, denn der Inhaber des älteren Patents kann dem Inhaber des jüngeren Patents verbieten, seine Erfindung zu benutzen. Andererseits kann der Inhaber des jüngeren Patents dem Inhaber des älteren Patents verbieten, die technische Lehre des jüngeren Patents anzuwenden.[61] Hierdurch können Lizenzverhandlungen zwischen den beiden Patentinhabern erzwungen werden.

Es gibt unterschiedliche Möglichkeiten, die technische Lehre eines Patents, einer Patentanmeldung bzw. eines Gebrauchsmusters weiterzuentwickeln, um damit eine Patt-Situation zu erzeugen. Diese unterschiedlichen Varianten hängen insbesondere vom Zeitpunkt der Einreichung der jüngeren Patentanmeldung ab.

Das Problem dieser Patentstrategie ist, dass für das jüngere Schutzrecht die Anforderungen der Rechtsbeständigkeit erfüllt sein müssen, um tatsächlich eine Drohkulisse darstellen zu können. Wird einfach nur in einem Gebrauchsmuster eine besonders vorteilhafte Ausführungsform eines älteren Patents beschreiben und beim Patentamt eingereicht, mag dieses Gebrauchsmuster auch in das Register eingetragen werden. Allerdings handelt es sich um ein Scheinrecht, da das Gebrauchsmuster gegenüber dem älteren Patent des Patentinhabers, gegen den eine Drohkulisse aufgebaut werden soll, nicht neu ist. Das Gebrauchsmuster ist nicht rechtsbeständig und wird daher keinen Druck gegen den Inhaber des älteren Patents aufbauen können.

Das jüngere Schutzrecht muss daher die Erfordernisse des Patent- oder Gebrauchsmustergesetzes erfüllen, um von dem Inhaber des älteren Patents ernstgenommen zu werden. Die wichtigsten Erfordernisse sind Neuheit und erfinderische Tätigkeit des Gegenstands des Schutzrechts.

Neuheit kann relativ einfach durch Hinzufügen eines Merkmals zum Gegenstand des älteren Schutzrechts erreicht werden. Die erfinderische Tätigkeit liegt erst vor, falls das neu hinzugefügte Merkmal für den Durchschnittsfachmann nicht naheliegend ist. Die erfinderische Tätigkeit ist daher schwieriger herzustellen. Die Aufgabe ist daher, ein jüngeres Schutzrecht auszuarbeiten, das in den Schutzumfang des älteren Patents eingreift und das neu und insbesondere erfinderisch gegenüber dem älteren Patent ist.

Allerdings gibt es eine Möglichkeit, ein rechtsbeständiges Schutzrecht zu erstellen, das nicht erfinderisch gegenüber dem älteren Patent sein muss und dennoch rechtsbeständig ist. Hierzu ist der § 4 Satz 2 Patentgesetz zu betrachten, der besagt, dass sogenannte „nachveröffentlichte" Patentdokumente nicht zur Bewertung der erfinderischen Tätigkeit heranzuziehen sind. Es ist daher die Frage, wie für ein jüngeres Schutzrecht ein älteres Patent zu einem nachveröffentlichten Dokument werden kann. Ein nachveröffentlichtes Patentdokument ist ein Patent oder eine Patentanmeldung, das vor dem Anmeldetag des jüngeren Schutzrechts beim Patentamt eingereicht wurde, das aber erst nach dem Anmeldetag veröffentlicht wird. Außerdem gilt ein Patent oder eine Patentanmeldung als nachveröffentlicht, falls es am Tag veröffentlicht wird, an dem die jüngere Patentanmeldung beim Patentamt eingereicht wird.

---

[61] Schulte/Rinken, Patentgesetz mit EPÜ, 10. Auflage, § 9 Rdn. 8

Die kleinste Zeiteinheit des Patentrechts ist der Tag. Es wird daher nicht geprüft, ob eine Anmeldung am gleichen Tag vor oder nach einer Veröffentlichung eines Patentdokuments beim Patentamt eingereicht wurde. Es ist auch zulässig, dass eine Patentanmeldung nach der Veröffentlichung eines Patentdokuments beim Patentamt eingereicht wurde, damit das Patentdokument als „nachveröffentlicht" gilt. Solange die Anmeldung am gleichen Tag eingereicht wurde, an dem auch das ältere Patentdokument veröffentlicht wurde, gilt das Patentdokument als nachveröffentlicht. Es ergibt sich daher ein Zeitfenster von wenigen Stunden, um ein Schutzrecht zu schaffen, das vom Patentamt nur auf Neuheit bezüglich des älteren Patentdokuments geprüft wird.

6.7.1 Nachveröffentlichter Stand der Technik

Ein Patent oder eine Patentanmeldung, die für ein jüngeres Schutzrecht nachveröffentlichter Stand der Technik ist, wurde vor dem Anmeldetag des Schutzrechts beim Patentamt eingereicht, aber erst am oder nach dem Anmeldetag des Schutzrechts veröffentlicht. In aller Regel war dem Anmelder des jüngeren Schutzrechts der nachveröffentlichte Stand der Technik bei der Formulierung des Schutzrechts nicht bekannt. Allerdings muss das nicht notwendigerweise der Fall sein. Der Anmelder des jüngeren Schutzrechts kann am Veröffentlichungstag des Patents oder der Patentanmeldung die Dokumente studieren, um am gleichen Tag seine Anmeldung beim Patentamt einzureichen. In diesem Fall gilt nach § 4 Satz 2 Patentgesetz, dass der nachveröffentlichte Stand der Technik nicht zur Bewertung der erfinderischen Tätigkeit berücksichtigt wird, obwohl der Anmelder des späteren Schutzrechts das Patentdokument gekannt hat.

Es eröffnen sich hier Möglichkeiten, Schutzrechte zu erwerben, die sich mit dem Gegenstand des früheren Patentdokuments beschäftigen, um dadurch zumindest teilweise den Schutzumfang des früheren Patentdokuments zu beanspruchen.

6.7.2 Erste Veröffentlichung des störenden Schutzrechts ist eine Offenlegungsschrift

Nach 18 Monaten wird eine Patentanmeldung als sogenannte Offenlegungsschrift veröffentlicht.[62] Grundsätzlich könnte eine fremde Patentanmeldung als Vorlage für eine eigene Anmeldung verwendet werden. Nach 18 Monaten ist sehr wahrscheinlich bereits ein erster Prüfbescheid des Patentamts vorhanden. Sinnvollerweise wird bei der Suche nach einem neuen Merkmal dieser erste Prüfbescheid mit dem recherchierten Stand der Technik genutzt. Eine Akteneinsicht kann online vorgenommen werden.

---

[62] § 32 Absatz 1 Satz 1 Patentgesetz.

Beispielsweise kann am Offenlegungstag eine Anmeldung eines Konkurrenzunter-
nehmens eingesehen werden und auf Basis dieser Anmeldung eine eigene Patentanmeldung ausgearbeitet werden. Der eigenen Patentanmeldung wird ein neues Merkmal
hinzugefügt, das im Stand der Technik nicht bekannt ist. Zur Kontrolle der Neuheit des
hinzugefügten Merkmals kann der Prüfbescheid der Konkurrenzanmeldung und die darin
genannten Dokumente des Stands der Technik genutzt werden.

Am Tag der Offenlegung der Anmeldung des Wettbewerbers ist die eigene Anmeldung
beim Patentamt einzureichen. Die Rechtsbeständigkeit der eigenen Anmeldung kann
nicht durch Dokumente des Stands der Technik gefährdet werden, die im Prüfbescheid
der Anmeldung der Konkurrenz enthalten sind, da diese bereits bei der Wahl des
neuen Merkmals berücksichtigt wurden. Relevanter Stand der Technik für die eigene
Anmeldung sind daher diejenigen Veröffentlichungen, die zwischen dem Anmeldetag der
Anmeldung des Wettbewerbers und dem eigenen Anmeldetag liegen.

6.7.3   Erste Veröffentlichung des störenden Schutzrechts ist ein Patent

Es ist durchaus möglich, dass keine Offenlegungsschrift veröffentlicht wird, da innerhalb
der Frist von 18 Monaten, während der die Anmeldung vom Patentamt geheim gehalten
wird, bereits eine Patenterteilung erfolgte. In diesem Fall verzichtet das Patentamt auf
die Offenlegung der Patentanmeldung und die Patentschrift stellt stattdessen die erste
Veröffentlichung dar.[63]

Der Vorteil für die Anwendung der Patentstrategie zur Erzeugung einer Patt-Situation
bei einer Patentschrift als Erstveröffentlichung ist, dass bereits erteilte Ansprüche vorliegen. Es ist daher nicht erforderlich, den Prüfbescheid und den recherchierten Stand
der Technik zu betrachten, um feststellen zu können, in welche Richtung eine Patenterteilung möglich ist und welche Merkmale neu sind. Der Anspruchssatz ist bereits als
neu und erfinderisch amtlich festgestellt worden, sodass es nur noch notwendig ist, ein
geeignetes Merkmal zu den jeweiligen unabhängigen Ansprüchen hinzuzufügen, um neu
gegenüber diesen Ansprüchen zu sein.

In diesem Fall ist von einer Patenterteilung relativ sicher auszugehen, da der
Anspruchssatz des Wettbewerbers bereits erteilt ist. Wird der Hauptanspruch und
gegebenenfalls Nebenansprüche mit einem zusätzlichen Merkmal versehen, sind diese
Ansprüche immer noch neu und erfinderisch. Das einzige Risiko einer mangelnden
Rechtsbeständigkeit kann sich aus Veröffentlichungen ergeben, die zwischen dem
Anmeldetag der Konkurrenzanmeldung und dem eigenen Anmeldetag liegen.

---

[63] § 32 Absatz 2 Satz 1 Patentgesetz.

6.7.4 Ausnutzen der Zeitzonen

Ein Patentdokument mit Datum 30.12.2021 auf einem deutschen oder einem US-amerikanischen Patent gelten als am gleichen Tag eingereicht, obwohl der Tag in den USA an der Ostküste fünf Stunden später beginnt. Hierdurch ergibt sich eine noch bessere Möglichkeit, eine deutsche Veröffentlichung eines Schutzrechts eines Wettbewerbers zur Grundlage für eine eigene Anmeldung zu nutzen. Sollte die Zeit zur Ausarbeitung nicht genügen, um die Anmeldung am gleichen Tag in Deutschland beim Patentamt einzureichen, kann die Anmeldung in den USA eingereicht werden, wodurch fünf Stunden gewonnen werden, um eine „taggleiche" Anmeldung zu erhalten. Es kann darauf eine deutsche Nachanmeldung beantragt werden, die die Priorität der US-Anmeldung in Anspruch nimmt. Hierdurch ergibt sich über den US-amerikanischen Umweg eine deutsche Anmeldung auf Basis des Schutzrechts des Wettbewerbers.

6.7.5 Abwehr

Zur Abwehr der Patentstrategie zur Behinderung des Wettbewerbs sollten wichtige Weiterentwicklungen durch nachfolgende Schutzrechte in Anspruch genommen werden. Hierdurch wird verhindert, dass diese vorteilhaften Ausführungsformen von Konkurrenten als Patent angemeldet werden, wodurch sich die oben skizzierten Patt-Situationen ergeben können.

6.8   U-Boot-Strategie

Es kann sinnvoll sein, die Richtung, in der eigene Schutzrechte angestrebt werden, möglichst lange geheim zu halten. Hierdurch kann insbesondere verhindert werden, dass Patentstrategien angewandt werden, um den Schutzumfang der eigenen Patente zu beeinträchtigen.[64] Hierzu kann insbesondere eine „U-Boot-Strategie" genutzt werden.

Eine U-Boot-Strategie kann auf unterschiedliche Weise durchgeführt werden. Zum einen können die wichtigen Gegenstände in der Beschreibung „versteckt" werden, um sie später im Erteilungsverfahren zu aktivieren. Hierbei dient ein aussageloser, erster Anspruchssatz als Tarnung. Alternativ kann eine Teilanmeldung oder eine Gebrauchsmusterabzweigung genutzt werden, um „versteckte" Gegenstände „plötzlich" als Ansprüche geltend zu machen. Eine weitere Variante der U-Boot-Strategie nutzt das Prioritätsrecht.

---

[64] Siehe Abschn. 6.7 Behinderung der Wettbewerber.

6.8.1   In der Beschreibung versteckter Gegenstand

Mit einer U-Boot-Strategie wird versucht, möglichst lange die angestrebte Richtung der Patenterteilung geheim zu halten. Hierzu werden beispielsweise nicht in den Ansprüchen, sondern ausschließlich in der Beschreibung, die wichtigen Gegenstände „versteckt". Typischerweise wird sich ein Wettbewerber durch die Anspruchsformulierungen täuschen lassen und annehmen, dass diese den gewünschten Schutzumfang beschreiben.

Diese U-Boot-Strategie ist zumindest beim europäischen Verfahren kaum mehr zu realisieren. Der Grund liegt in einer zunehmend restriktiven Anwendung der Regel 137 Absatz 3 EPÜ. Diese Regel verhindert ein freies Ändern der bestehenden Ansprüche. Eine neue Ausrichtung der Ansprüche kann der Anmelder nur nach Erhalt des Recherchenberichts vornehmen. Eine erfolgreiche U-Boot-Strategie ist daher vom Wohlwollen des Prüfers abhängig und diese wenden zunehmend restriktiv die Regel 137 Absatz 3 EPÜ an, wodurch Änderungen der Ansprüche allenfalls zulässig sind, falls sich die neuen Ansprüche auf konvergente Weiterentwicklungen des bisherigen Anspruchssatzes beziehen. Eine U-Boot-Strategie wird hierdurch zumindest erschwert.

6.8.2   Teilanmeldung

Alternativ kann die U-Boot-Strategie durch das Einreichen einer Teilanmeldung realisiert werden. Eine Teilanmeldung kann beantragt werden, solange die Stammanmeldung noch anhängig ist. Eine deutsche Anmeldung kann bis zum Ablauf der Beschwerdefrist gegen einen Zurückweisungsbeschluss der Anmeldung geteilt werden.[65] Die Beschwerdefrist beträgt ein Monat nach Zustellung des Zurückweisungsbeschlusses.[66]

Wurde eine Anmeldung von der Prüfungsabteilung des Europäischen Patentamts zurückgewiesen, kann ebenfalls noch innerhalb der Beschwerdefrist nach Zustellung der Entscheidung des Europäischen Patentamts, unabhängig davon ob eine Beschwerde tatsächlich eingereicht wird oder nicht, eine Teilanmeldung eingereicht werden. Die Beschwerdefrist im europäischen Verfahren beträgt zwei Monate.[67] In der Teilanmeldung kann dann die gewünschte Neuausrichtung der Ansprüche vorgenommen werden.

---

[65] § 39 Absatz 1 Satz 1.

[66] § 73 Absatz 2 Satz 1 Patentgesetz.

[67] Artikel 108 Satz 1 EPÜ.

6.8.3   Gebrauchsmusterabzweigung

Eine Alternative zur Teilanmeldung ist die Gebrauchsmusterabzweigung, die innerhalb der ersten zehn Jahre der Patentlaufzeit möglich ist.[68] Hierdurch kann ein deutsches Gebrauchsmuster erlangt werden, für das neue Ansprüche geschrieben werden können. Allerdings müssen diese neuen Schutzansprüche von der Beschreibung der Stammanmeldung umfasst sein.

6.8.4   Weiterentwicklungen innerhalb der Prioritätsfrist

Ergeben sich im Laufe der weiteren Beschäftigung mit der Erfindung nach dem Einreichen der Patentanmeldung vorteilhafte Weiterentwicklungen sollten diese ebenfalls durch ein gewerbliches Schutzrecht geschützt werden. Hierdurch kann einer Strategie der Behinderung durch Wettbewerber entgegengewirkt werden. Es ist dann für den Wettbewerber nicht mehr möglich, wirtschaftlich wertvolle Schutzbereiche aus dem Schutzumfang des eigenen Schutzrechts zu beanspruchen.

Eine spätere Anmeldung von Weiterentwicklungen einer bereits durch eine erste Patentanmeldung geschützten Erfindung, die innerhalb des Prioritätsjahrs erfolgt, sollte die Priorität des ersten Schutzrechts in Anspruch nehmen. Hierdurch kann verhindert werden, dass die erste Anmeldung der späteren Anmeldung als relevanter Stand der Technik entgegengehalten wird.

---

[68] § 5 Absatz 1 Satz 3 Gebrauchsmustergesetz.

Durchsetzung von Schutzrechten 7

Inhaltsverzeichnis

7.1 Berechtigungsanfrage 119
7.2 Abmahnung 120
    7.2.1 Berechtigte, unberechtigte und rechtsmissbräuchliche Abmahnung 121
    7.2.2 Inhalt einer Abmahnung. 121
7.3 Verletzungsverfahren 123
    7.3.1 Zuständigkeit 123
    7.3.2 Aktivlegitimation 123
    7.3.3 Passivlegitimation 124
    7.3.4 Klageansprüche 124
    7.3.5 Klagebegründung. 126

Ein Schutzrecht muss gegen Verletzungen durchgesetzt wird. Werden die Schutzrechte nicht durchgesetzt, verlieren sie ihr Drohpotenzial als Verbietungsrecht. Die Schutzrechte werden dann wirkungslos, jede Patentstrategie erübrigt sich und löst sich in Luft auf. Die Durchsetzung der eigenen Schutzrechte stellt eine notwendige Voraussetzung der Sinnhaftigkeit jeglicher Patentstrategie dar.

Eine Durchsetzung eines Schutzrechts erfolgt durch eine Berechtigungsanfrage, eine Abmahnung und durch ein gerichtliches Verletzungsverfahren.

7.1 Berechtigungsanfrage

Die Berechtigungsanfrage dient dem Meinungsaustausch eines Patentinhabers mit einem potenziellen Patentverletzer über dessen Berechtigung zur Benutzung der patentierten Erfindung.

T. H. Meitinger, *Patentstrategien,* https://doi.org/10.1007/978-3-662-65089-9_7

Eine Berechtigungsanfrage ist eine Aufforderung des Patentinhabers an den möglichen Patentverletzer zur Stellungnahme. Eine Berechtigungsanfrage ist sinnvoll, falls eine unklare Rechtslage vorliegt und die mangelnde Berechtigung des potenziellen Patentverletzers vor einer Abmahnung und einem gerichtlichen Klageverfahren geklärt werden soll. Der Patentinhaber beabsichtigt mit einer Berechtigungsanfrage sein rechtliches Risiko zu minimieren.

Eine Berechtigungsanfrage ist immer dann empfehlenswert, wenn zu besorgen ist, dass der Dritte ein Vorbenutzungsrecht[1] oder einen relevanten Stand der Technik, beispielsweise eine offenkundige Vorbenutzung[2], der die Rechtsbeständigkeit des eigenen Patents infrage stellt, geltend machen kann.

Der Unterschied einer Berechtigungsanfrage zu einer Abmahnung ist das Fehlen der Androhung eines Gerichtsverfahrens bei einer Weigerung, die Patentverletzung zukünftig zu unterlassen, und das Fehlen der Forderung nach einer Abgabe einer strafbewehrten Unterlassungsverpflichtung.[3]

Eine Berechtigungsanfrage sollte dann versendet werden, falls davon auszugehen ist, dass der potenzielle Verletzer nicht absichtlich und wissentlich die Verletzung vorgenommen hat oder falls die rechtliche Situation unklar ist. Andernfalls sollte auf eine Berechtigungsanfrage verzichtet werden und sofort der Verletzer abgemahnt werden. Eine Abmahnung hat gegenüber der Berechtigungsanfrage den Vorteil, dass die Kosten der Abmahnung von dem Verletzer zu tragen sind.

7.2 Abmahnung

Eine Abmahnung dient der außergerichtlichen Streitbeilegung. Durch eine Abmahnung soll ein Gerichtsverfahren vermieden werden. Voraussetzung hierzu ist die Abgabe einer strafbewehrten Unterlassungsverpflichtung durch den Abgemahnten.[4] Eine weitere Funktion einer Abmahnung kann in der Vermeidung von Kosten bzw. einem Vermeiden eines Prozesskostenrisikos gesehen werden.

In gewisser Weise stellt eine Abmahnung ein Instrument zur Aufklärung des Sachverhalts dar. Insbesondere gilt dies für eine unberechtigte Abmahnung, durch die der Abmahnende zu einer Klärung der rechtlichen Situation gelangt, die ihm zuvor offensichtlich nicht bekannt war oder die er falsch eingeschätzt hat.

---

[1] § 12 Absatz 1 Satz 1 Patentgesetz.

[2] § 3 Absatz 1 Satz 2 Patentgesetz.

[3] Siehe Abschn. 8.7 und 8.8.

[4] § 13 Absatz 1 UWG.

7.2.1 Berechtigte, unberechtigte und rechtsmissbräuchliche Abmahnung

Eine berechtigte Abmahnung liegt vor, falls die der Abmahnung zugrunde liegenden Ansprüche bestehen und die Abmahnung nicht missbräuchlich verwendet wird. Außerdem muss der Abmahnende ein Rechtsschutzbedürfnis haben. Es liegt insbesondere kein Rechtsschutzbedürfnis vor, falls die der Abmahnung zugrunde liegenden Ansprüche bereits erfüllt sind oder diese bereits zu einem Vollstreckungstitel geführt haben.

Eine unberechtigte Abmahnung liegt insbesondere vor, falls die Patentverletzung nicht besteht, da das angeblich patentverletzende Produkt nicht in den Schutzbereich des Patents fällt. Eine unberechtigte Abmahnung kann einen Eingriff in den eingeführten und ausgeübten Geschäftsbetrieb des Abgemahnten bedeuten, woraus sich eine Schadensersatzpflicht des Abmahnenden ergibt. Kann daher nicht mit hoher Wahrscheinlichkeit von einer Patentverletzung ausgegangen werden, beispielsweise weil der Abzumahnende ein Vorbenutzungsrecht geltend machen könnte, sollte die rechtliche Situation zunächst mit einer Berechtigungsanfrage geklärt werden.

Eine Abmahnung hat den Zweck, die patentverletzende Handlung zukünftig zu verhindern. Es wird immer Unsicherheiten geben, bei der Abgrenzung, was noch als diesem Zweck zuordenbar ist, und was darüber hinausgeht. Geht die Abmahnung deutlich über das Ziel hinaus, die patentverletzenden Handlungen zukünftig zu unterbinden, ist von einer missbräuchlichen Anwendung auszugehen.

7.2.2 Inhalt einer Abmahnung

Eine Abmahnung muss gewisse Mindestinhalte aufweisen, die klar und verständlich darzustellen sind. Hierzu zählen die Bezeichnung der Parteien und gegebenenfalls Angaben zur Stellvertretung durch einen Anwalt, die Anspruchsberechtigung, insbesondere die Angabe der Schutzrechte, die Beschreibung des Sachverhalts, eine Würdigung der rechtlichen Situation und das Unterwerfungsverlangen.[5] Der Abmahnung wird üblicherweise eine vorformulierte strafbewehrte Unterlassungserklärung beigefügt. Ein zusätzlicher wichtiger Bestandteil einer Abmahnung ist die Androhung eines Gerichtsverfahrens, falls die strafbewehrte Unterlassungsverpflichtung nicht abgegeben wird.

In der Abmahnung ist die Anspruchsberechtigung zu nennen. Hierzu genügt es, einen Verweis auf das Patent aufzunehmen, sodass der Abgemahnte das Patent ermitteln kann. Zusätzlich ist anzugeben, ob der Abmahnende der Inhaber des Schutzrechts oder ein exklusiver Lizenznehmer ist. Ein ausschließlicher Lizenznehmer hat neben dem Patentinhaber eine eigene Anspruchsberechtigung. Es ist nicht erforderlich, das Patentdokument der Abmahnung beizufügen. Es genügen Angaben zur Ermittlung des Patents. Insbesondere ist das amtliche Aktenzeichen des Patents in die Abmahnung aufzunehmen.

---

[5] § 13 Absatz 2 UWG.

Ein einfacher Lizenznehmer kann ebenfalls ein Interesse an der Unterbindung einer Patentverletzung haben. In diesem Fall kann der einfache Lizenznehmer von dem Patentinhaber im Wege der gewillkürten Prozessstandschaft ermächtigt werden.[6] Der einfache Lizenznehmer sollte Angaben zur Lizenz und deren Ausübung der Abmahnung beifügen, aus denen die Beeinträchtigung seiner Lizenz durch die Patentverletzung erkenntlich wird.

In der Abmahnung ist der Sachverhalt zu erörtern. Hierzu ist zunächst der Schutzumfang des Patents darzulegen. In einem zweiten Schritt ist der Verletzungssachverhalt zu beschreiben, woraus ersichtlich wird, warum eine Begehungsgefahr besteht und daher der Unterlassungsanspruch zu Recht geltend gemacht wird. Beispielsweise ist zu erläutern, wo, wann und wieviele patentverletzende Produkte bereits angeboten und verkauft wurden.

Außerdem ist eine rechtliche Würdigung durchzuführen, bei der die einschlägigen Rechtsnormen zu benennen sind.

Das Unterwerfungsverlangen zeigt dem Abgemahnten die Möglichkeit auf, wie er eine gerichtliche Auseinandersetzung vermeiden kann. Hierzu ist es üblich, dass der Abmahnung eine vorformulierte Unterlassungserklärung beigefügt wird. Diese Verpflichtung ist von dem Abgemahnten nur zu unterzeichnen und an den Abmahnenden zurückzusenden, um die Angelegenheit endgültig außergerichtlich zu beenden. Die Unterlassungserklärung weist ein Unterlassungsversprechen auf, in dem sich der Abgemahnte verpflichtet, im geschäftlichen Verkehr das patentverletzende Produkt nicht mehr herzustellen, anzubieten, zu verkaufen oder in einer sonstigen Weise das Patent des Abmahnenden zu benutzen. In der Unterlassungserklärung ist eine Vertragsstrafe zu bestimmen. Die Vertragsstrafe muss eine Höhe aufweisen, die die Ernsthaftigkeit des Abgemahnten widerspiegelt, die Unterlassungsverpflichtung einzuhalten. Beispielsweise kann jeder Einzelfall einer Patentverletzung mit einem Betrag von 10.000 € bis 15.000 € geahndet werden, wobei üblicherweise bestimmt wird, dass beim Anbieten patentverletzender Produkte im Internet jeder Tag als ein Verletzungstatbestand angesehen wird.

Die Androhung eines Gerichtsverfahrens bei Weigerung der Unterwerfung ist essentieller Bestandteil einer Abmahnung. Ohne diesen Bestandteil handelt es sich nicht um eine Abmahnung, sondern um eine Berechtigungsanfrage. Die Androhung muss ausdrücklich und klar sein. Die Begriffe „Gericht" oder „gerichtliche Auseinandersetzung" sollten zumindest verwendet werden, um das Eindeutigkeitserfordernis der Androhung gerichtlicher Klärung zu erfüllen. Dem Abgemahnten muss verdeutlicht werden, dass es nicht darum geht, in Korrespondenz zu treten, sondern die Situation endgültig zu klären. Es sollte für den Abgemahnten aus der Abmahnung klar zu entnehmen sein, dass bei Ausbleiben der Unterwerfung eine gerichtliche Auseinandersetzung unausweichlich ist.

---

[6] § 54 ZPO.

7.3 Verletzungsverfahren

Konnte eine außergerichtliche Beendigung der Patentverletzung durch eine Abmahnung nicht erzielt werden, bleibt als letztes Mittel die gerichtliche Verfolgung der Patentverletzung. Beim Anstrengen eines Verletzungsverfahrens ist zunächst das zuständige Gericht zu ermitteln. Außerdem ist die Aktivlegitimation zu klären, also wer eine Klage erheben kann. Eine Klage eines einfachen Lizenznehmers wegen Verletzung des lizenzierten Gegenstands ist nicht zulässig. Die Klage hat den richtigen Beklagten zu benennen, was als Passivlegitimation bezeichnet wird.

Es können unterschiedliche Klageansprüche geltend gemacht werden, nämlich einen Unterlassungsanspruch, einen Beseitigungsanspruch, einen Entschädigungsanspruch bei der Verletzung einer Patentanmeldung, einen Schadensersatzanspruch bei der Verletzung eines Patents, einen Auskunfts- und Rechnungslegungsanspruch, einen Vernichtungsanspruch und einen Rückrufanspruch.

7.3.1 Zuständigkeit

Bei der Zuständigkeit ist die örtliche und die sachliche Zuständigkeit zu unterscheiden. Sachlich zuständig sind die Landgerichte[7], wobei für jedes Bundesland einzelne Landgerichte als allein zuständige Landgerichte bestimmt wurden.[8] Beispielsweise wurde für Baden-Württemberg das Landgericht Mannheim und für Nordrhein-Westfalen das Landgericht Düsseldorf ausgewählt. Die örtliche Zuständigkeit ergibt sich nach den Regelungen der Zivilprozessordnung.[9] Ergeben sich mehrere örtliche Zuständigkeiten, steht dem Kläger die Wahl unter diesen möglichen Zuständigkeiten zu.[10]

7.3.2 Aktivlegitimation

Eine Verletzungsklage kann nur von einem hierzu Berechtigten erhoben werden. Der Patentinhaber als materieller Eigentümer des Patents ist an erster Stelle berechtigt, ein Klageverfahren zu führen. Allerdings muss der Patentinhaber zusätzlich formell durch die Eintragung im Patentregister legitimiert sein.[11] Ein Rechtsnachfolger ist aktiv-

---

[7] § 143 Absatz 1 Patentgesetz.

[8] § 143 Absatz 2 Satz 1 Patentgesetz.

[9] § 12 ZPO.

[10] § 35 ZPO.

[11] § 30 Absatz 3 Satz 2 Patentgesetz.

legitimiert, wenn die Rechtsnachfolge im Patentregister berücksichtigt wurde. Liegt eine Inhabergemeinschaft vor, ist jeder Inhaber einzeln berechtigt zur Klage.

Ein ausschließlicher Lizenznehmer ist allein berechtigt, das lizenzierte Patent zu verwerten. Eine Patentverletzung stellt eine direkte Beeinträchtigung seines ausschließlichen Verwertungsrechts dar. Ein ausschließlicher Lizenznehmer ist daher aktivlegitimiert, die Ansprüche aus einem lizenzierten Patent gerichtlich geltend zu machen. Wird dem Patentinhaber eine einfache Lizenz zur Benutzung des Patents gewährt, ist dies bezüglich der Aktivlegitimation des exklusiven Lizenznehmers unschädlich.

Im Gegensatz dazu ist ein einfacher Lizenznehmer nicht berechtigt, gerichtlich gegen Patentverletzer vorzugehen. Allerdings kann der einfache Lizenznehmer durch gewillkürte Prozessstandschaft dazu ermächtigt werden. Voraussetzung hierzu ist, dass der einfache Lizenznehmer ein eigenes Interesse an der Durchsetzung der Ansprüche hat.

7.3.3   Passivlegitimation

Beklagter einer Verletzungsklage ist derjenige, der eine patentverletzende Handlung vorgenommen hat. Die Verletzungsklage kann sich gegen einen Alleintäter, einen ausgewählten Mittäter oder einen Anstifter richten.

Außerdem kann ein Unterlassungsanspruch gegen einen Störer geltend gemacht werden. Ein Störer nimmt nicht an der eigentlichen patentverletzenden Handlung teil, allerdings stellt der Störer eine zusätzliche Ursache für die Patentverletzung dar. Beispielsweise ist eine Internet-Auktionsplattform ein Störer, falls die Plattform zur Verletzung des Patents genutzt wird.

7.3.4   Klageansprüche

Der Kläger kann einen Unterlassungsanspruch geltend machen und damit eine Patentverletzung für die Zukunft ausschließen. Hierdurch kann eine Wiederholungsgefahr, falls bereits eine Patentverletzung vorliegt, gebannt werden. Eine Wiederholungsgefahr kann nur durch eine unwiderrufliche Unterlassungserklärung ausgeschlossen werden, die mit einer Vertragsstrafe bewehrt ist, die aufgrund ihrer Höhe die Ernsthaftigkeit des Erklärenden zum Ausdruck bringt.

Außerdem kann einer Erstbegehungsgefahr mit dem Unterlassungsanspruch begegnet werden. Eine Erstbegehungsgefahr liegt vor, falls nach der Gesamtheit der Umstände des Einzelfalls zu befürchten ist, dass eine Patentverletzung unmittelbar bevorsteht. Beispielsweise liegt eine Erstbegehungsgefahr vor, falls eine Patentverletzung schriftlich oder auf einer Website ausdrücklich angekündigt wird.

Durch ein Verletzungsverfahren kann eine angemessene Entschädigung wegen der Benutzung einer Patentanmeldung geltend gemacht werden. Voraussetzung ist, dass die Anmeldung vor der Benutzung offengelegt wurde und dass der Unberechtigte wusste oder davon hätte ausgehen können, dass er unberechtigt handelt. Weitere Ansprüche aus einer Patentanmeldung bestehen nicht.[12] War die Anmeldung während der Benutzung durch einen Dritten entsprechend der 18-Monatsfrist zur Geheimhaltung der Öffentlichkeit nicht zugänglich, bestehen keinerlei Ansprüche des Schutzrechtsinhabers gegen den Dritten.

Aus einer Patentanmeldung steht dem Anmelder kein Unterlassungsanspruch zu. Der Anmelder kann also nicht die Benutzung der technischen Lehre der Patentanmeldung durch einen Dritten verhindern, auch falls die Anmeldung bereits offengelegt wurde. Allerdings besteht die Möglichkeit der Gebrauchsmusterabzweigung.[13] Mit einer Gebrauchsmusterabzweigung erhält der Anmelder ein Schutzrecht, das denselben guten Zeitrang wie die Patentanmeldung hat und, im Gegensatz zur Anmeldung, ein durchsetzbares Schutzrecht ist. Mit einem Gebrauchsmuster können sämtliche Ansprüche, die sich auch aus einem erteilten Patent ergeben, gegen Unberechtigte durchgesetzt werden.

Einem Patentinhaber steht ein Schadensersatzanspruch gegen den unberechtigten Benutzer zu. Voraussetzung ist Verschulden.[14] Ein Verschulden liegt bereits vor, wenn eine geschäftliche Tätigkeit aufgenommen wird, ohne dass zuvor nach relevanten Schutzrechten recherchiert wird. Daraus ergibt sich, dass eine unberechtigte Benutzung eines Patents automatisch zumindest Fahrlässigkeit, und damit Verschulden, bedingt. Es ist daher müßig, darüber zu diskutieren, ob Vorsatz oder Fahrlässigkeit des Patentverletzers zum Verschulden führte, falls überhaupt eine Patentverletzung vorliegt.

Der Auskunfts- und Rechnungslegungsanspruch soll es dem Patentinhaber ermöglichen, gegen weitere Verletzer vorzugehen, deren Patentverletzung ihm bislang nicht bekannt sind. Hierzu kann er gegen den angeklagten Verletzer den Anspruch geltend machen, wodurch dieser ihm seine Bezugsquellen und seine Abnehmer nennen muss.[15]

Dem Patentinhaber steht ein Vernichtungsanspruch zu. Der Vernichtungsanspruch bezieht sich auf patentverletzende Erzeugnisse, die von einem Sachanspruch des verletzten Patents umfasst sind.[16] Außerdem kann beansprucht werden, Geräte und Materialien, die vorwiegend patentverletzend benutzt werden, zu vernichten.[17] Voraussetzung der Vernichtung ist, dass die betreffenden Gegenstände Eigentum des Patentverletzers sind. Eine Vernichtung ist ausgeschlossen, falls dies unverhältnismäßig ist, wobei die Interessen sämtlicher Beteiligter zu berücksichtigen sind.

---

[12] § 33 Absatz 1 Patentgesetz.

[13] § 5 Absatz 1 Satz 1 Gebrauchsmustergesetz.

[14] § 139 Absatz 2 Satz 1 Patentgesetz.

[15] § 140b Absatz 1 Patentgesetz.

[16] § 140a Absatz 1 Satz 1 Patentgesetz.

[17] § 140a Absatz 2 Patentgesetz.

Außerdem steht dem Patentinhaber ein Rückrufanspruch zu, sodass eine endgültige Entfernung der patentverletzenden Produkte aus dem Vertriebsweg gefordert werden kann.[18]

7.3.5 Klagebegründung

Die Klagebegründung muss derart formuliert sein, dass sie einem Richter am Landgericht schlüssig und einleuchtend erscheint. Hierbei ist zu bedenken, dass es sich bei den Richtern eines Landgerichts nicht um technisch, sondern ausschließlich juristisch vorgebildete Personen handelt. Entsprechend ist die Klagebegründung derart zu gestalten, dass eine gute Verständlichkeit der technischen Zusammenhänge für den technischen Laien erreicht wird.

Die Klagebegründung sollte außerdem pointiert und prägnant formuliert sein. Auf die Aufzählung der vorprozessualen Ereignisse kann verzichtet werden. Die Erläuterung früherer oder paralleler Auseinandersetzungen mit der gegnerischen Partei ist ebenfalls überflüssig und sollte daher entfallen. Es sollten ausschließlich die Argumente aufgeführt werden, die zur Begründung der Ansprüche dienen.

Die Klagebegründung umfasst idealtypisch vier Punkte: die Beschreibung der Erfindung, die Erläuterung der angegriffenen Ausführungsform, den Verletzungstatbestand und die Rechtsausführungen.

Die Beschreibung der Erfindung sollte nicht einfach eine Kopie von Teilen des Klagepatents sein. Vielmehr sollte zunächst der Stand der Technik und dessen Probleme erläutert werden, die zur technischen Aufgabe geführt haben. Anhand der Aufgabe ist die technische Lehre des Klagepatents zu beschreiben.

Auf Basis der technischen Lehre des Klagepatents ist die Ausführungsform detailliert vorzustellen, die durch das patentverletzende Produkt angegriffen wird. Die angegriffene Ausführungsform kann anhand von Werbematerialien des Patentverletzers gezeigt werden. Entsprechende Abbildungen aus den Werbematerialien können geeignet koloriert und mit den Bezugszeichen des Klagepatents versehen werden, um die Verletzung zu verdeutlichen.

Schließlich ist der Verletzungstatbestand zu erörtern. Hierbei ist aufzuzeigen, dass die angegriffene Ausführungsform in den Schutzbereich des Klagepatents fällt. Sinnvollerweise wird hierzu eine Merkmalsgliederung[19] verwendet, wobei das Erfüllen jedes einzelnen Merkmals durch die Verletzungsform nachvollziehbar darzulegen ist.

Die abschließenden Rechtsausführungen befassen sich mit den geltend gemachten Klageansprüchen und der örtlichen Zuständigkeit des Verletzungsgerichts.

---

[18] § 140a Absatz 3 Patentgesetz.
[19] siehe Abschn. 6.1.5

Vorlagen

8

Inhaltsverzeichnis

8.1 Geheimhaltungserklärung wegen einer Präsentation...........................127
8.2 Geheimhaltungsvereinbarung für eine Kooperation 128
8.3 Schutzrechtskauf 131
8.4 Lizenzvertrag 132
8.5 Eingabe eines Dritten im Erteilungsverfahren................................136
8.6 Einspruch...139
8.7 Berechtigungsanfrage 154
8.8 Abmahnung 155

Es werden folgende Vorlagen bereitgestelltvorgestellt: Geheimhaltungsvereinbarungen, Patentkauf, Lizenzvertrag, Eingabe eines Dritten im Erteilungsverfahren, Einspruch, Berechtigungsanfrage und Abmahnung.

8.1 Geheimhaltungserklärung wegen einer Präsentation

Eine Geheimhaltungserklärung wegen der Vorführung eines Produkts kann kurz gehalten werden. Wichtig ist, dass das Produkt genau bezeichnet wird, dass der Erklärende zu Stillschweigen verpflichtet wird und dass eine Vertragsstrafe bestimmt wird. Es macht Sinn anzugeben, warum Geheimhaltung vereinbart werden soll, beispielsweise um die Patentfähigkeit des vorgestellten Produkts zu wahren. Hierdurch wird dem Erklärenden die Bedeutung der Geheimhaltung vor Augen geführt.

T. H. Meitinger, *Patentstrategien*, https://doi.org/10.1007/978-3-662-65089-9_8

Geheimhaltungserklärung

Herr/Frau Maier hat das Produkt ... besichtigt und an einer Präsentation teilgenommen.

Die Firma .... beabsichtigt, für die technischen Einzelheiten des vorgestellten Produkts gewerbliche Schutzrechte zu beantragen.

Herr/Frau ... verpflichtet sich, das hierbei gewonnene Wissen geheim zu halten.

Im Falle eines Verstoßes gegen diese Erklärung ist die Firma... berechtigt Schadensersatzforderungen gegen den Erklärenden geltend zu machen.

Die Erklärung gilt nicht für technische Merkmale, die dem allgemein bekannten Stand der Technik zuzuordnen sind.

München, den ...   *(Vor- und Zuname)*

8.2   Geheimhaltungsvereinbarung für eine Kooperation

Eine Kooperation zweier oder mehrerer Unternehmen bzw. Organisationen kann über Jahre dauern. Entsprechend viele Punkte sind in einer Geheimhaltungsvereinbarung für eine Kooperation zu regeln. Es ist unbedingt darauf zu achten, dass die Vertragsparteien korrekt benannt werden. Es ist sinnvoll, neben der Bezeichnung bzw. dem Namen, die jeweilige Adresse anzugeben. In der Praxis kommt es häufig vor, dass die Daten der Vertragsparteien nicht korrekt sind.

Geheimhaltungsvereinbarung

1. Präambel

1.1 Kooperationspartner 1 verfügt über wesentliches Know-How, nämlich... .

1.2 Kooperationspartner 2 verfügt über besondere F&E-Kapazitäten, nämlich...

1.3 Kooperationspartner 3 verfügt über besondere Informationen, nämlich ... .

1.4 Kooperationspartner 1 und Kooperationspartner 2 streben eine gemeinsame F&E-Aktivität an, um ein marktfähiges Produkt aus dem Know-How des Kooperationspartners 1 herzustellen.

1.5 Kooperationspartner 3 verfügt über besonderes Marketingpotenzial, nämlich....

1.6 Kooperationspartner 3 wird die Distribution und das Marketing des marktfähigen Produkts übernehmen.

2. Gegenstand der Geheimhaltung

2.1 Die Kooperationspartner 1, 2 und 3 verpflichten sich für die Dauer der Kooperation sämtliche Informationen, die im Zusammenhang mit der Kooperation entstehen, oder die von einem anderen Kooperationspartner erhalten werden, geheim zu halten und in ihren Unternehmen bzw. Organisationen die hierzu erforderlichen Maßnahmen einzurichten.

2.2 Unter Informationen sind alle Kenntnisse, Know-How, Erfahrungen, Testergebnisse, Entwicklungsergebnisse, betriebliche Kenntnisse und sonstige Daten, die während der F&E-Kooperation erworben oder in diese eingebracht wurden, zu verstehen.

2.3 Die Kooperationspartner 1, 2 und 3 verpflichten sich, die in die F&E-Kooperation eingebrachten Informationen nur für die Zwecke der F&E-Kooperation zu verwenden.

2.4 Die Kooperationspartner 1, 2 und 3 verpflichten sich außerdem dazu, Informationen nur denjenigen Mitarbeitern und nur in dem Maße zugänglich zu machen, der für den Erfolg der F&E-Kooperation erforderlich ist. Dasselbe gilt für Lieferanten oder beauftragte Dienstleister der Kooperationspartner 1, 2 und 3.

3. Ausnahme von der Geheimhaltung

3.1 Die Verpflichtung zur Geheimhaltung gilt nicht für den allgemein zugänglichen Stand der Technik.

3.2 Die Verpflichtung gilt außerdem nicht für folgendes Know-How des Kooperationspartner 1: ..., für folgendes Know-How des Kooperationspartner 2: ... und für das folgende Know-How des Kooperationspartner 3: ....

3.3 Ferner gilt sämtliches Know-How, das den Kooperationspartnern 1, 2 und 3 vor Beginn der F&E-Kooperation bekannt war, als nicht von der Verschwiegenheitsverpflichtung umfasst.

4. Eigentum von Informationen

4.1 Nach Beendigung der F&E-Kooperation oder nach deren Abbruch bleibt Kooperationspartner 1 Eigentümer von folgendem Know-How: ... .

4.2 Unter denselben Bedingungen bleibt Kooperationspartner 2 Eigentümer von folgendem Know-How: ... und Kooperationspartner 3 bleibt Eigentümer von folgendem Know-How: ....

4.3 Nach Beendigung bzw. falls die F&E-Kooperation abgebrochen wird, werden sämtliche entsprechenden Daten, Unterlagen, technische Zeichnungen und sonstige Informationen dem jeweiligen Eigentümer zurückgegeben.

5. Schadensersatz aus Know-How

Forderungen wegen Schadensersatz aufgrund der Verwendung von Informationen, die von den Kooperationspartnern 1, 2 und 3 stammen, können nicht geltend gemacht werden.

6. Wettbewerbsverbot

6.1 Die Kooperationspartner 1, 2 und 3 verpflichten sich, während der Dauer der F&E-Kooperation keine vertraglichen Vereinbarungen mit Dritten einzugehen, die ein Objekt, ein Ziel, ein Zweck oder eine Information im Sinne der Geheimhaltungsvereinbarung oder Naheliegendes hierzu, zum Gegenstand haben.

6.2 Das Wettbewerbsverbot erstreckt sich gegebenenfalls für den jeweiligen Zeitraum auf die Rechtsnachfolger bzw. Erben.

7. Vertragsstrafe

7.1 Bei einem Zuwiderhandeln der Kooperationspartner 1, 2 oder 3 beträgt die Vertragsstrafe für jede Handlung: … .

7.2 Liegt eine dauerhafte Zuwiderhandlung vor, wird die Vertragsstrafe für jeden angefangenen Tag fällig.

7.3 Die Kooperationspartner 1, 2 und 3 haften für von ihnen verursachte Schäden.

7.4 Vertragsstrafen können unabhängig hiervon geltend gemacht werden.

7.5 Die Kooperationspartner 1, 2 und 3 haften für Zuwiderhandlungen ihrer Mitarbeiter, den von ihnen beauftragten Dienstleistern und Lieferanten, und für sonstige Schäden durch Dritte, die von dem jeweiligen Kooperationspartner 1, 2 oder 3 die schädigenden Informationen erhalten haben.

7.6 Eine Erniedrigung der Vertragsstrafe tritt bei nachfolgenden Umständen ein: …

8. Schiedsgericht

8.1 Streitigkeiten werden von einem Schiedsgericht in erster Instanz endgültig entschieden.

8.2 Der ordentliche Rechtsweg ist ausgeschlossen.

8.3 Das Schiedsgericht legt für seine Entscheidung die Vergleichs- und Schiedsordnung der internationalen Handelskammer in Paris zugrunde.

9. Gerichtsstand und anzuwendendes Recht

9.1 Die Geheimhaltungsvereinbarung unterliegt dem Recht der Bundesrepublik Deutschland.

9.2 Gerichtsstand für alle Streitigkeiten ist München.

10. Salvatorische Klausel

10.1 Sind einzelne Bestimmungen dieser Geheimhaltungsvereinbarung rechtlich unwirksam, gelten die anderen fort.

10.2 Ergeben sich durch die Unwirksamkeit einzelner Bestimmungen Lücken, so sind diese derart zu schließen, wie es den Absichten und Interessen der Kooperationspartner 1, 2 und 3 zum Zeitpunkt der Geheimhaltungsvereinbarung am nächsten kommt.

11. Allgemeine Bestimmungen

11.1 Diese Geheimhaltungsvereinbarung tritt mit der Unterzeichnung durch die Kooperationspartner 1, 2 und 3 in Kraft.

11.2 Änderungen oder Ergänzungen dieser Geheimhaltungsvereinbarung gelten nur in schriftlicher Form.

11.3 Rechte oder Pflichten aus dieser Geheimhaltungsvereinbarung sind durch gewillkürte Vereinbarung nicht auf Dritte übertragbar. Rechtsnachfolge oder Erbe werden durch diese Regelung nicht berührt.

8.3 Schutzrechtskauf

Bei der Übertragung eines Schutzrechts ist eine genaue Angabe des betreffenden Schutzrechts, Patent, Patentanmeldung oder Gebrauchsmuster, erforderlich. Die Kosten der Übertragung übernimmt in aller Regel der Erwerber des Schutzrechts.

Schutzrechtsübertragungsvertrag

1. Präambel

Der/die … (nachfolgend Veräußerer) überträgt das Schutzrecht mit dem Titel … an der/die … (nachfolgend Erwerber).

2. Gegenstand der Übertragung

Gegenstand des Schutzrechtsübertragungsvertrags ist das Patent mit dem Titel …, das am … beim deutschen Patentamt eingereicht wurde. Der Gegenstand des Vertrags wird beim deutschen Patentamt mit dem amtlichen Aktenzeichen DE… geführt.

3. Übertragung

3.1 Der Veräußerer überträgt hiermit den Gegenstand des Vertrags an den Erwerber mit allen Rechten und Pflichten.

3.2 Der Veräußerer beantragt innerhalb der nächsten zwei Wochen die Korrektur des Registers des deutschen Patentamts.

3.3 Der Veräußerer übergibt dem Erwerber alle Unterlagen zum Gegenstand des Vertrags

4. Kosten

4.1 Der Erwerber wird alleiniger Eigentümer des Gegenstands des Schutzrechts.

4.2 Der Erwerber übernimmt sämtliche Kosten, die im Zusammenhang mit der Übertragung stehen.

4.3 Der Erwerber entrichtet dem Veräußerer sämtliche Kosten (Amtsgebühren und Patentanwaltsgebühren), die aufgrund des Gegenstands des Vertrags dem Veräußerer entstanden sind.

5. Sonstige Bestimmungen
5.1 Mündliche Absprachen werden durch diesen Vertrag ersetzt.
5.2 Änderungen oder Ergänzungen dieses Vertrags erfordern Schriftform und sind nur bei gleichzeitiger Zustimmung des Veräußerers und des Erwerbers wirksam.

6. Salvatorische Klausel
6.1 Die Unwirksamkeit einer einzelnen Bestimmung hat keine Auswirkung auf die Wirksamkeit der restlichen Bestimmungen.
6.2 Lücken des Lizenzvertrags werden durch Regeln geschlossen, die den Absichten und Interessen des Lizenznehmers und des Lizenzgebers zum Zeitpunkt des Vertragsschlusses am nächsten kommen.

7. Anzuwendendes Recht und Gerichtsstand
7.1 Das auf den Vertrag anzuwendende Recht ist das Recht der Bundesrepublik Deutschland.
7.2 Gerichtsstand für alle Streitigkeiten ist München.

8. Schiedsverfahren
8.1 Streitigkeiten, die sich aus diesem Vertrag ergeben, werden in einem Schiedsverfahren in erster Instanz endgültig entschieden.
8.2 Der ordentliche Rechtsweg ist ausgeschlossen.
8.3 Im Schiedsverfahren sind die Bestimmungen der ZPO anzuwenden.

8.4   Lizenzvertrag

Mit einem Lizenzvertrag erwirbt der Lizenznehmer das Recht, den lizenzierten Gegenstand zu benutzen, das heißt herzustellen und zu vertreiben. Ein Lizenzvertrag kann alternativ auf eine Benutzungsart beschränkt sein. Beispielsweise kann dem Lizenznehmer nur der Vertrieb oder nur die Herstellung erlaubt sein.

Ein Lizenzvertrag basiert oft auf einem technischen Schutzrecht, insbesondere einem Patent oder einem Gebrauchsmuster. Typischerweise umfasst die Lizenzvereinbarung zusätzlich zu der Erlaubnis zur Benutzung des Schutzrechts die Lizenzierung einschlägigen technisches Know-Hows, das nicht patentgeschützt ist. Das technische Know-How kann dem Lizenznehmer in Form technischer Zeichnungen, Versuchsdaten oder Prototypen zur Verfügung gestellt werden. Durch den Lizenzvertrag kann zusätzlich kaufmännisches Know-How lizenziert werden, beispielsweise Know-How über geeignete Distributionskanäle oder Lieferanten.

Der Lizenzvertrag sollte eine Meistbegünstigungsklausel, eine Nichtangriffsklausel und eine Mindest-Lizenzgebühr vorsehen. Mit einer Meistbegünstigungsklausel kann der einfache Lizenznehmer verhindern, dass anderen Lizenznehmern vorteilhaftere Lizenzen eingeräumt werden und er dadurch im Vergleich zu diesen Lizenznehmern einen Wettbewerbsnachteil erleidet. Die Nichtangriffsklausel macht einen amtlichen oder gerichtlichen Angriff des Lizenznehmers gegen das dem Lizenzvertrag zugrunde liegende Schutzrecht unzulässig.

Der Lizenzgeber sollte eine Regelung über eine Mindest-Lizenzgebühr fordern. Diese Mindest-Lizenzgebühr kann als Umsatzgebot formuliert sein. Hierdurch stellt der Lizenzgeber sicher, dass die Lizenz tatsächlich benutzt wird und dass der Lizenzvertrag aus Sicht des Lizenznehmers nicht zur Blockade des Lizenzgebers geschlossen wird.

Lizenzvereinbarung

1. Präambel

1.1 Der/die … (nachfolgend Lizenzgeber) ist Inhaber des Schutzrechts mit dem Titel … und dem amtlichen Aktenzeichen DE…, das am … beim deutschen Patentamt eingereicht wurde.

1.2 Außerdem verfügt der Lizenzgeber über technisches und kaufmännisches Know-How, das ebenfalls zum Gegenstand der Lizenzvereinbarung zählt.

1.3 Der Lizenzgeber hat den Gegenstand des Lizenzvertrags erfunden bzw. erarbeitet und zur Marktreife geführt.

1.4 Der Lizenzgeber möchte diesen Gegenstand dem Lizenznehmer zur vertriebsmäßigen Verwertung auslizenzieren.

1.5 Der/die … (nachfolgend Lizenznehmer) möchte den zur Lizenz angebotenen Gegenstand lizenzieren und wirtschaftlich verwerten.

2. Vertragsgegenstand

2.1 Vertragsgegenstand ist das Patent mit dem Titel … und dem amtlichen Aktenzeichen DE…, das am … beim deutschen Patentamt eingereicht wurde. In der Anlage 1 ist der bibliographische Teil des Patents abgebildet.

2.2 Vertragsgegenstand ist zusätzlich technisches und kaufmännisches Know-How, das nachfolgend als „Know-How" bezeichnet wird. Eine Auflistung des Know-Hows findet sich in der Anlage 2.

3. Umfang der Lizenz

3.1 Der Lizenzgeber erteilt dem Lizenznehmer eine (nicht-)ausschließliche Lizenz zur Benutzung des lizenzierten Gegenstands. Unter Benutzung ist das Herstellen und das Vertreiben zu verstehen.

3.2 Die Lizenz ist auf das Bundesland Bayern örtlich beschränkt.

3.3 Die Lizenz umfasst zusätzlich das Geschäft mit Austausch- und Ersatzteilen.

3.4 Ein Recht zur Vergabe von Unterlizenzen besteht nicht.

3.5 Eine Übertragung der Lizenz auf einen Dritten ist ausgeschlossen.

4. Gewährleistung des Lizenzgebers

4.1 Der Lizenzgeber erklärt, dass ihm keine Dokumente bekannt sind, die die Rechts-beständigkeit des Patents infrage stellen.

4.2 Der Lizenzgeber versichert, dass es aktuell keine amtlichen oder gerichtlichen Verfahren gibt, die die Rechtsbeständigkeit des Patents zum Gegenstand haben.

4.3 Der Lizenzgeber versichert die technische Ausführbarkeit der Erfindung, die im Patent beschrieben wird. Der Lizenzgeber haftet nicht für eine mangelnde wirtschaftliche Verwertbarkeit.

5. Bestand des Schutzrechts

5.1 Der Lizenzgeber ist verpflichtet, während der Laufzeit der Lizenz die fälligen Jahresgebühren zu entrichten.

5.2 Der Lizenzgeber verfolgt Verletzungen des Patents in geeigneter Weise anwaltlich, patentamtlich und gerichtlich. Anfallende Kosten werden vom Lizenzgeber getragen.

5.3 Hat der Lizenzgeber gute Gründe, eine Verletzung nicht zu verfolgen, ermöglicht er dem Lizenznehmer die Rechtsverfolgung, falls dieser ihn darum schriftlich bittet.

6. Festlizenzgebühr

6.1 Der Lizenznehmer entrichtet dem Lizenzgeber jedes Jahr eine Lizenzgebühr in Höhe von ....

6.2 Die Festlizenzgebühr ist spätestens drei Monate nach Beginn des Kalenderjahrs für das Kalenderjahr auf das Konto des Lizenznehmers zu überweisen.

6.3 Eine bereits gezahlte Festlizenzgebühr wird in keinem Fall zur Rückzahlung fällig. Dies gilt auch bei Kündigung des Lizenzvertrags.

7. Umsatzlizenzgebühr

7.1 Der Lizenznehmer zahlt dem Lizenzgeber eine Umsatzlizenzgebühr. Die Umsatzlizenzgebühr basiert auf dem Umsatz abzüglich Rabatte, Skonti oder sonstigen Ermäßigungen, die den Umsatz des Lizenzgebers schmälern, der durch den Gegenstand der Lizenzvereinbarung ursächlich erzeugt wird.

7.2 Die Umsatzlizenzgebühr beträgt 2 % vom Umsatz bis zu einem Umsatz von 20 Mio. Euro

7.3 Für den darüber hinaus erzeugten Umsatz beträgt die Umsatzlizenzgebühr 0,5 %.

8. Rechnungslegung und Fälligkeit der Umsatzlizenzgebühr

8.1 Die Umsatzlizenzgebühr ist vom Lizenzgeber innerhalb von drei Monaten nach Ende des Kalenderjahrs für das vergangene Kalenderjahr zu berechnen.

8.2 Die ermittelte Umsatzlizenzgebühr ist innerhalb des darauffolgenden Monats dem Lizenznehmer auf sein Konto zu überweisen.

9. Überprüfung der Rechnungslegung
9.1 Der Lizenzgeber ist berechtigt, einmal pro Kalenderjahr, einen Wirtschaftsprüfer zur Prüfung der Rechnungslegung zu beauftragen.
9.2 Der Lizenzgeber bezahlt den Wirtschaftsprüfer für seine Tätigkeit, außer die ermittelte Lizenzgebühr übersteigt um mehr als 5 % die vom Lizenznehmer berechnete Lizenzgebühr.

10. Geheimhaltung
10.1 Der Lizenzgeber und der Lizenznehmer halten Stillschweigen über die Details dieser Lizenzvereinbarung. Das gilt auch nach Beendigung des Lizenzvertrags.
10.2 Der Lizenznehmer wird die Geheimhaltung des Know-Hows, das Gegenstand dieses Lizenzvertrags ist, auch gegenüber Mitarbeitern und Kooperationspartnern, beispielsweise Lieferanten, sicherstellen.

11. Schutzrechte des Lizenznehmers
11.1 Der Lizenznehmer bietet dem Lizenzgeber Schutzrechte, die auf dem Gegenstand des Lizenzvertrags basieren oder diesen weiterentwickeln, zumindest zur nichtausschließlichen Lizenzierung an.
11.2 Eine Lizenz nach Punkt 11.1 beginnt mit Ablauf der vorliegenden Lizenzvereinbarung.

12. Nichtangriffsklausel
12.1 Der Lizenznehmer verpflichtet sich, das Schutzrecht des Lizenzgebers, das Gegenstand des Lizenzvertrags ist, weder anwaltlich, patentamtlich noch gerichtlich anzugreifen. Ein entsprechender Angriff ist unzulässig.
12.2 Der Lizenzgeber verpflichtet sich, Schutzrechte, die sich aus dem Gegenstand des Lizenzvertrags ergeben, weder anwaltlich, patentamtlich noch gerichtlich anzugreifen. Ein entsprechender Angriff ist unzulässig.

13. Vertragslaufzeit
13.1 Die rechtliche Wirksamkeit des Lizenzvertrags beginnt mit der Unterzeichnung der Lizenzvereinbarung durch den Lizenznehmer und den Lizenzgeber.
13.2 Die Dauer des Lizenzvertrags beträgt 5 Jahre.
13.3 Der Lizenzvertrag verlängert sich automatisch um 5 Jahre, außer der Lizenznehmer oder der Lizenzgeber geben eine gegenteilige Erklärung spätestens sechs Monate vor Fristablauf gegenüber dem Vertragspartner schriftlich ab.

14. Kündigung
14.1 Der Lizenzvertrag kann erst nach Ende des zweiten Jahres gekündigt werden.
14.2 Eine Kündigung kann zum Ende des jeweiligen Kalenderjahres mit einer Kündigungsfrist von sechs Monaten erfolgen.

15. Pflichten nach Ende des Lizenzvertrags
15.1 Der Lizenznehmer und der Lizenzgeber werden Stillschweigen über die Details der Lizenzvereinbarung wahren.
15.2 Der Lizenznehmer wird Stillschweigen über das Know-How wahren, das Gegenstand des Lizenzvertrags ist.
15.3 Der Lizenznehmer wird sämtliche Unterlagen über das Know-How dem Lizenzgeber zurückgeben.

16. Nebenbestimmungen
16.1 Zusätze oder Ergänzungen zu diesem Lizenzvertrag bedürfen der Schriftform und sind nur bei Zustimmung des Lizenzgebers und des Lizenznehmers wirksam. Mündliche Vereinbarungen, die vor der Unterzeichnung des Lizenzvertrags getroffen wurden, werden durch die Bestimmungen dieses Lizenzvertrags ersetzt und sind hinfällig.
16.2 Die Unwirksamkeit einer einzelnen Bestimmung hat keine Auswirkung auf die Wirksamkeit der restlichen Bestimmungen.
16.3 Lücken des Lizenzvertrags werden durch Regeln gefüllt, die den Absichten und Interessen des Lizenznehmers und des Lizenzgebers zum Zeitpunkt des Vertragsschlusses am nächsten kommen.

17. Anzuwendendes Recht und Gerichtsstand
17.1 Das auf die Lizenzvereinbarung anzuwendende Recht ist das Recht der Bundesrepublik Deutschland.
17.2 Gerichtsstand für alle Streitigkeiten ist München.

18. Schiedsverfahren
18.1 Streitigkeiten, die sich aus diesem Lizenzvertrag ergeben, werden in einem Schiedsverfahren in erster Instanz endgültig entschieden.
18.2 Der ordentliche Rechtsweg ist ausgeschlossen.
18.3 Im Schiedsverfahren sind die Bestimmungen der ZPO anzuwenden.

8.5   Eingabe eines Dritten im Erteilungsverfahren

Mit einer Eingabe eines Dritten soll eine Erteilung eines Patents bzw. zumindest die Erteilung störender unabhängiger Ansprüche durch das befasste Patentamt verhindert werden. Hierbei werden dem zuständigen Prüfer des Patentamts einschlägige Dokumente übermittelt, die der Patenterteilung entgegenstehen. Es ist nicht erforderlich, dass eine eigene Bewertung der Dokumente durch den Dritten erfolgt. Allerdings kann es der Absicht des Dritten, ein entsprechendes Patent zu vereiteln, förderlich sein.

Typische Einwände gegen die Patentierung sind eine unzulässige Erweiterung der Anmeldung.[1] Eine unzulässige Erweiterung der Anmeldung liegt vor, falls Gegenstände in der Anmeldung beschrieben werden, die nicht in den ursprünglich eingereichten Unterlagen enthalten waren. Es spielt dabei keine Rolle, ob die Beschreibung oder die Ansprüche unzulässig erweitert wurden.

Ein weiterer Einwand gegen eine Erteilung eines Patents kann die mangelnde Ausführbarkeit der technischen Lehre der Patentanmeldung sein.[2] In diesem Fall ist es dem Durchschnittsfachmann nicht möglich, anhand der Angaben der Patentanmeldung die technische Lehre auszuführen, ohne umfangreiche eigene Tests oder Überlegungen vornehmen zu müssen.

Die beiden wichtigsten Einwände in der Praxis gegen eine Patenterteilung sind mangelnde Neuheit und fehlende erfinderische Tätigkeit.

Eingabe zur mangelnden Patentfähigkeit der Patentanmeldung mit dem amtlichen Aktenzeichen DE ...

1. Stand der Technik
Mit der vorliegenden Eingabe werden die folgenden Dokumente des Stands der Technik eingereicht:

Die als

– D1 –

beigefügte CH ... wurde unter Inanspruchnahme einer Priorität vom ... (DE ...) am ... angemeldet, am ... erteilt und am ... veröffentlicht.

Das als

– D2 –

beigefügte Gebrauchsmuster DE ... U1 wurde am ... eingereicht und am ... in das Register des deutschen Patentamts eingetragen.

2. Fehlende Ausführbarkeit
Die Lehre der Patentanmeldung ist nicht ausführbar, da ...

---

[1] § 38 Satz 2 Patentgesetz.
[2] § 34 Absatz 4 Patentgesetz.

3. Unzulässige Erweiterung

Die Lehre der Patentanmeldung ist unzulässig erweitert, da in der Patentanmeldung auf Seite … steht/da der Anspruch … lautet…

Im Gegensatz dazu kann den ursprünglich eingereichten Anmeldeunterlagen nur entnommen werden, dass …

Die Anmeldung ist daher unzulässig erweitert.

4. Merkmalsgliederung des Anspruchssatzes

„M1   *Eine elektrische Servolenkungsvorrichtung umfasst eine Lenksäule (3),*

M2   *in der Lenksäule ist eine Lenkwelle eingesetzt, auf die ein Drehmoment übertragbar ist,*

M3   *die elektrische Servolenkungsvorrichtung umfasst ein Untersetzungsgetriebegehäuse (4), das an die Lenkwelle gekoppelt ist;*

M4   *die elektrische Servolenkungsvorrichtung umfasst einen elektrischen Motor (5), welcher eine Lenkunterstützungskraft auf die Lenkwelle über einen Untersetzungsmechanismus in dem Untersetzungsgetriebegehäuse überträgt,*

M5   *an einer Stirnseite des Untersetzungsgetriebegehäuses (4) ist der elektrische Motor (5) auf einem Motoranbringungsabschnitt (17) angebracht.*

-Oberbegriff-

M6   *die Steuereinheit (19) ist in einer Position angeordnet, wo die Steuereinheit zur Zeit eines Kollapshubes der Lenksäule (3) des Untersetzungsgetriebegehäuses (4) ein sich bewegendes Element nicht beeinträchtigt.*

-Kennzeichen-"[3]

Der abhängige Anspruch 2 enthält das weitere Merkmal:
M7 …

Der abhängige Anspruch 3 beinhaltet das weitere Merkmal:
M8 …

Der abhängige Anspruch 4 beinhaltet das weitere Merkmal:
M9 …

5. Fehlende Neuheit des Patentanspruchs 1 gegenüber der Offenbarung der D1

„*Eine elektrische Servolenkungsvorrichtung gemäß dem Dokument D1, Fig. 1, Fig. 4, umfasst eine Lenksäule 1 (**Merkmal M1**). In der Lenksäule 1 ist eine Lenkwelle 3 eingesetzt, auf die ein Drehmoment vom Lenker 2 übertragbar ist (**Merkmal M2**). Die*

---

[3] EPA, https://register.epo.org/application?documentId=EVTQJK7E6082FI4&number=EP0774142&lng=de&npl=false, abgerufen am 24.01.2022.

elektrische Servolenkungsvorrichtung umfasst ein Untersetzungsgetriebegehäuse 21, das an die Lenkwelle gekoppelt ist **(Merkmal M3)**. Die elektrische Servolenkungsvorrichtung umfasst einen elektrischen Motor 8, welcher…"[4]

Der Anspruch 1 des Streitpatents wird daher durch das Dokument D1 offenbart.

6. Fehlende Neuheit des Patentanspruchs 1 gegenüber der Offenbarung der D2
„Eine elektrische Servolenkungsvorrichtung gemäß Dokument, Fig. 1 und Fig. 5, umfasst eine Lenksäule 2 **(Merkmal M1)**. In der Lenksäule 2 ist eine Lenkwelle 1 eingesetzt, auf…"[5]

Der Anspruch 1 des Streitpatents wird daher durch das Dokument D2 offenbart.

7. Mangelnde erfinderische Tätigkeit des Patentanspruchs 1 gegenüber den Dokumenten D1 und D2
Siehe hierzu den Abschn. 2.1.3 „Aufgabe-Lösungs-Ansatz".

8. Offenkundige Vorbenutzung
„Eine elektrische Servolenkung mit sämtlichen Merkmalen des Anspruchs 1 ist für das Modell Opel Corsa C verwendet worden. Das Modell Opel Corsa C wurde von Herbst 2000 bis Sommer 2006 hergestellt. Ein Exemplar E16 gemäß den als Konvolut E15 eingereichten Fotografien wurde am 26.02.20014 gegen Rechnung E14 erworben. Die Rechnung an die Kanzlei des Vertreters weist nach, dass die Servolenkung, die als elektrische Lenksäule bezeichnet ist, aus einem Opel Corsa C Baujahr 2003 stammt. Damit ist die offenkundige Vorbenutzung nachgewiesen."[6]

8.6   Einspruch

Die zwei nachfolgenden Beispiele bzw. Vorlagen können dazu genutzt werden, selbst einen Einspruch zu formulieren oder sich zumindest in die Lage zu versetzen, zu prüfen, ob ein von einem beauftragten Patentanwalt ausgearbeiteter Einspruch die erforderlichen Bestandteile in der richtigen Art und Weise enthält.

---

[4] EPA, https://register.epo.org/application?documentId=EVTQJK7E6082FI4&number=EP077414 42&lng=de&npl=false, abgerufen am 24.01.2022.

[5] EPA, https://register.epo.org/application?documentId=EVTQJK7E6082FI4&number=EP077414 42&lng=de&npl=false, abgerufen am 24.01.2022.

[6] EPA, https://register.epo.org/application?documentId=EVTQJK7E6082FI4&number=EP077414 42&lng=de&npl=false, abgerufen am 24.01.2022.

Es ist empfehlenswert, geeignete Zeichnungen (Figuren) aus dem Streitpatent bzw. Abbildungen des Stands der Technik in der Einspruchsschrift zu verwenden, um eine Visualisierung zu erreichen. Die entscheidenden Aspekte in den Darstellungen können koloriert werden, um eine leichte Verständlichkeit sicherzustellen.

Einsprechender./. Patentinhaber
Einspruch gegen das Patent Nr. …

Es wird gegen das Patent EP … B1 (Anmeldenummer …)

Einspruch

eingelegt.

Bekanntmachung des Hinweises auf die Patenterteilung erfolgte am

25. April 2007.

Der Titel des Patents lautet:

„Werkzeugmaschine"

Patentinhaberin ist die:

XYZ GmbH

X-Strasse 1

Z-Stadt

Einsprechender ist:

Einsprechender A

A-Strasse 1

A-Stadt

Der Einsprechende wird vertreten durch:

B-Anwalt

B-Strasse 1

B-Stadt

„I. Anträge

Es wird beantragt, das Patent EP … – im Folgenden kurz Streitpatent genannt – in vollem Umfang zu widerrufen.
Hilfsweise und für den Fall, dass die Einspruchsabteilung zu einer Ansicht gelangt, die einem Widerspruch des Streitpatents im vollen Umfang entgegensteht, wird eine mündliche Verhandlung beantragt.

Als Einspruchsgrund wird angeführt, dass der Gegenstand des Patents nicht patentfähig ist. Insbesondere sind die geltenden Ansprüche des Streitpatents neuheitsschädlich durch den Stand der Technik vorweggenommen und beruhen ferner nicht auf einer erfinderischen Tätigkeit. Des Weiteren ist die Erfindung nicht so deutlich und vollständig offenbart, dass ein Fachmann sie ausführen könnte. Zusätzlich wurde der Hauptanspruch unzulässig erweitert."[7]

II. Begründung

1. Streitpatent

Das Streitpatent EP …, welches als

– Anlage A1 –

beigefügt ist, hat den Anmeldetag vom 14.10.2001 und nimmt eine Priorität vom 19.10.2000 (US …) in Anspruch.

2. Gegenstand der vermeintlich patentfähigen Erfindung des Streitpatents

Der Gegenstand des Streitpatents betrifft ein Verfahren zur Herstellung von Biokohle.

Die Merkmale des Anspruchs 1 des Streitpatents lassen sich wie folgt gliedern:

„M1) Verfahren zur Herstellung von Biokohle,
M2) bei dem in Retorten (1) befindliches biogenes Ausgangsmaterial (2) pyrolysiert wird und
M3) die durch Pyrolysen entstehenden brennbaren Pyrolysegase
M4) in einer Brennkammer (4) zur Erzeugung von heißen Rauchgasen verbrannt werden, wobei
M5) die Retorten (1) zeitlich aufeinanderfolgend in mindestens eine Reaktorkammer (31, 31a, 31b, 31c) eingebracht werden und
M6) in diesen mittels der in die mindestens eine Reaktorkammer (31, 31a, 31b, 31c) geleiteten Rauchgase die Pyrolysen durchgeführt werden, wobei
M7) die Retorten (1) gegenüber dem Eintritt von heißen Rauchgasen zumindest weitgehend abgeschlossen sind und
M8) die Erhitzung der in den Retorten (1) befindlichen Ausgangsmaterialien (2)
M9) mittels der Rauchgase
M10) durch die Beheizung der Retorten (1)
M11) nur mittelbar durch eine Trennwand (14) hindurch erfolgt, und wobei

---

M12) ein die jeweilige Retorte (1) umschließender Raum ein Ringraum (15)
M13) zwischen der Trennwand (14) und einer Außenwand (13) der Retorte ist, wobei
(gemäß Oberbegriff)

M14) die Pyrolysegase durch den Ringraum (15) hindurch
M15) zu der Brennkammer (4) geleitet werden, und dass
M16) durch die Rauchgase die abströmenden Pyrolysegase und
M17) die Außenwand (13) der Retorte (1) beheizt werden.
(gemäß kennzeichnendem Teil)"[8]

Der abhängige Anspruch 2 enthält das weitere Merkmal:
M18) ...
Der abhängige Anspruch 3 beinhaltet das weitere Merkmal:
M19) ...

Der abhängige Anspruch 4 beinhaltet das weitere Merkmal:
M20) ...

Der unabhängige Anspruch 5 ist gerichtet auf:
M21) ...

Die vorhergehende Merkmalsgliederung des Anspruchssatzes des Streitpatents ist in
separater Ausfertigung zur besseren Handhabung in der

- Anlage A2 -

beigefügt.

„Der Gegenstand des Hauptanspruchs ist ein Verfahren zur Pyrolyse, also der
thermischen Umwandlung von organischem Ausgangsmaterial unter Ausschluss von
Sauerstoff in Pyrolysegase und Biokohle.

Derartige Pyrolyseverfahren sind im Stand der Technik bekannt. Es ist außerdem
bekannt, Biokohle durch ein kontinuierliches Pyrolyseverfahren herzustellen, bei dem
das biogene Ausgangsmaterial mit heißen Rauchgasen beaufschlagt wird. Außerdem ist
bekannt, die Pyrolysegase zu verbrennen, um Rauchgase zu erzeugen, die zur Beheizung
des Reaktors, in dem die Pyrolyse abläuft, dienen.

---

[8] EPA, https://register.epo.org/application?documentId=E6JTN9735375DSU&number=EP177690
97&lng=de&npl=false, abgerufen am 24.01.2022.

Nachteilig bei der Nutzung von Rauchgasen zur Beaufschlagung der biogenen Ausgangsmaterialen ist, dass hierbei die Rauchgase Schadstoffe, die sich bei der Pyrolyse ergeben, aufnehmen.

Die technische Lehre des Streitpatents stellt sich daher die Aufgabe, eine Trennung der Rauchgase von dem Pyrolysevorgang sicherzustellen, wobei dennoch eine Erhitzung der biogenen Ausgangsmaterialen zur Erzeugung der Pyrolyse durch die Rauchgase ermöglicht wird.

Diese Aufgabe wird dadurch erreicht, dass die Retorten, in denen die Pyrolyse stattfindet, derart abgeschottet sind, dass die Rauchgase nicht in die Retorten gelangen können. Eine Erwärmung, der sich in den Retorten befindlichen biogenen Ausgangsmaterialien durch die Rauchgase erfolgt daher durch Trennwände hindurch."[9]

3. Stand der Technik

In dem vorliegenden Einspruch werden die folgenden Dokumente des Stands der Technik neu eingeführt:

Die als

– *E1* –

beigefügte CH … wurde unter Inanspruchnahme einer Priorität vom … (DE …) am … angemeldet, am … erteilt und am … veröffentlicht und gilt daher als Stand der Technik nach Artikel 54 Absatz 2 EPÜ.

Das als

– *E2* –

beigefügte Gebrauchsmuster DE … U1 wurde am … eingereicht und am … in das Register des deutschen Patentamts eingetragen und gilt somit als Stand der Technik nach Artikel 54 Absatz 2 EPÜ.

Die als

– *E3* –

beigefügte US … wurde am … eingereicht und am … erteilt, so dass sie als Stand der Technik nach Artikel 54 Absatz 2 EPÜ gilt.

Die verwendeten Druckschriften E1, E2 und E3 sind in Kopie in der Anlage beigefügt

In dem für die dem Streitpatent zugrunde liegende Patentanmeldung erstellten internationalen Recherchenbericht werden die folgenden Dokumente genannt:

---

[9] EPA, https://register.epo.org/application?documentId=E6JTN9735375DSU&number=EP177690 97&lng=de&npl=false, abgerufen am 24.01.2022.

Die US ... wurde am ... eingereicht und am ... erteilt und gilt somit als Stand der Technik nach Artikel 54 Absatz 2 EPÜ.

- D1 -

Die CH ... wurde unter Inanspruchnahme einer Priorität vom ... (DE ...) am ... angemeldet, am ... erteilt und am ... veröffentlicht und gilt daher als Stand der Technik nach Artikel 54 Absatz 2 EPÜ.

- D2 -

Die DE ... wurde unter Inanspruchnahme einer Priorität vom ... (DE ...) am ... angemeldet, am ... erteilt und am ... veröffentlicht und gilt daher als Stand der Technik nach Artikel 54 Absatz 2 EPÜ.

- D3 -

4. Patentanspruch 1

4.1 Fehlende Neuheit von Patentanspruch 1 gegenüber der Offenbarung der E1

„Die E1 behandelt die Herstellung von Biokohle („Charcoal production processes", Titel, Merkmal M1). Hierbei wird eine „biomass pyrolysis" beschrieben, also eine Pyrolyse eines biogenen Materials (Seite 19, linke Spalte, zweiter Satz von oben; Merkmal M2). Auf der Seite 23 linke Spalte dritter Absatz wird beschrieben, dass in Retorten trockenes, frisches Holz (biogenes Ausgangsmaterial) in Gefäßen angeordnet ist (Merkmal M2). Bei Erreichen der erforderlichen Temperatur startet die Pyrolyse und Pyrolysegase werden erzeugt (Merkmal M3). Diese Pyrolysegase werden verbrannt, um..."[10]
Somit sind alle Merkmale M1 bis M17 des Patentanspruchs 1 in der E1 offenbart, sodass der Gegenstand des Patentanspruchs 1 des Streitpatents gegenüber der E1 nicht neu ist.

4.2 Fehlende Neuheit von Patentanspruch 1 gegenüber der Offenbarung der E2

„Die E2 beschreibt eine „Charcoal production with reduced emissions" (Titel). Es werden in diesem Artikel daher Verfahren zur Herstellung von Biokohle beschrieben (Merkmal M1). ..."[11]
Somit sind alle Merkmale M1 bis M17 des Patentanspruchs 1 in der E2 offenbart, sodass der Gegenstand des Patentanspruchs 1 des Streitpatents gegenüber der E2 nicht neu ist.

---

[10] EPA, https://register.epo.org/application?documentId=E6JTN9735375DSU&number=EP17769 097&lng=de&npl=false, abgerufen am 24.01.2022.

[11] EPA, https://register.epo.org/application?documentId=E6JTN9735375DSU&number=EP17769 097&lng=de&npl=false, abgerufen am 24.01.2022.

4.3 Mangelnde erfinderische Tätigkeit des Patentanspruchs 1 gegenüber der Offenbarung der D1 und Fachwissen

Sollte die Einspruchsabteilung bezüglich der Neuheit anderer Auffassung sein, so beruht der Patentanspruch 1 des Streitpatents zumindest nicht auf erfinderischer Tätigkeit gegenüber der D1 und Fachwissen.

„Die D1 zeigt in der Figur 4 eine „Tunnel pyrolysis chamber" in das „wood products" eingebracht wurden (Merkmale M1 und M2). Außerdem zeigt die Figur 4 eine ...."[12]

4.4 Unzulässige Erweiterung des Patentanspruchs 1

*„Das Merkmal der **mittelbaren** Beheizung der Retorten **durch eine Trennwand hindurch,** also das Merkmal, dass ...*

In den ursprünglich offenbarten Anmeldeunterlagen war offenbart, dass „die Erhitzung der in den Retorten befindlichen Ausgangsmaterialien mittels der Rauchgase durch die Beheizung der Retorten nur mittelbar *erfolgt (Seite 4 letzter Absatz bis Seite 5 erster Absatz der ursprünglich eingereichten Anmeldeunterlagen). Es fehlt daher, dass ...*

Es ist daher unzulässig erweitert, dass ..."[13]

4.4 Mangelnde Ausführbarkeit des Patentanspruchs 1

*„Im Anspruch 1 ist das Merkmal enthalten, dass die Erhitzung der in den Retorten befindlichen Ausgangsmaterialien mittels der Rauchgase durch die Beheizung der Retorten nur **mittelbar** durch eine Trennwand hindurch erfolgt.*

Es stellt sich die Frage, ob der Begriff „mittelbar" durch ...

Der Hauptanspruch ist daher für den Fachmann nicht ausführbar."[14]

5. Patentanspruch 2
5.1 Fehlende Neuheit von Patentanspruch 2 gegenüber ...
...

5.2 Mangelnde erfinderische Tätigkeit des Patentanspruchs 2 gegenüber ...
...

5.3 Unzulässige Erweiterung des Patentanspruchs 2
...

5.4 Mangelnde Ausführbarkeit des Patentanspruchs 2
...

---

[12] EPA, https://register.epo.org/application?documentId=E6JTN9735375DSU&number=EP17769 097&lng=de&npl=false, abgerufen am 24.01.2022.

[13] EPA, https://register.epo.org/application?documentId=E6JTN9735375DSU&number=EP17769 097&lng=de&npl=false, abgerufen am 24.01.2022.

[14] EPA, https://register.epo.org/application?documentId=E6JTN9735375DSU&number=EP17769 097&lng=de&npl=false, abgerufen am 24.01.2022.

6. Patentanspruch 3

6.1 Fehlende Neuheit von Patentanspruch 3 gegenüber ...

_..._

6.2 Mangelnde erfinderische Tätigkeit des Patentanspruchs 3 gegenüber ...

_..._

6.3 Unzulässige Erweiterung des Patentanspruchs 3

_..._

6.4 Mangelnde Ausführbarkeit des Patentanspruchs 3

_..._

7. Patentanspruch 4

7.1 Fehlende Neuheit von Patentanspruch 4 gegenüber ...

_..._

7.2 Mangelnde erfinderische Tätigkeit des Patentanspruchs 4 gegenüber ...

_..._

7.3 Unzulässige Erweiterung des Patentanspruchs 4

_..._

7.4 Mangelnde Ausführbarkeit des Patentanspruchs 4

_..._

8. Patentanspruch 5

8.1 Fehlende Neuheit von Patentanspruch 5 gegenüber ...

_..._

8.2 Mangelnde erfinderische Tätigkeit des Patentanspruchs 5 gegenüber ...

_..._

8.3 Unzulässige Erweiterung des Patentanspruchs 5

_..._

8.4 Mangelnde Ausführbarkeit des Patentanspruchs 5

_..._

Da sich erwiesenermaßen auch aus einer Kombination aus einem oder mehreren Unteransprüchen mit dem Hauptanspruch des Streitpatents keine erfinderischen Maßnahmen ergeben, ist der Antrag auf vollständigen Widerruf des angefochtenen Patents in vollem Umfang gerechtfertigt.

9. Zusammenfassung

Bei dieser Sachlage ist der Antrag auf Widerruf des Streitpatents im vollen Umfang gerechtfertigt. Es wird um antragsgemäße Beschlussfassung gebeten.

Unterschrift

Anlagen:

Streitpatent

Merkmalsgliederung des Anspruchssatzes des Streitpatents

_E1: ..._

_E2: ..._

_E3: ..._

D1: ...
D2: ...
D3: ...

Merkmalsgliederung Hauptanspruch

„*M1) Verfahren zur Herstellung von Biokohle,*
M2) bei dem in Retorten (1) befindliches biogenes Ausgangsmaterial (2) pyrolysiert wird und
M3) die durch Pyrolysen entstehenden brennbaren Pyrolysegase
M4) in einer Brennkammer (4) zur Erzeugung von heißen Rauchgasen verbrannt werden, wobei
M5) die Retorten (1) zeitlich aufeinanderfolgend in mindestens eine Reaktorkammer (31, 31a, 31b, 31c) eingebracht werden und
M6) in diesen mittels der in die mindestens eine Reaktorkammer (31, 31a, 31b, 31c) geleiteten Rauchgase die Pyrolysen durchgeführt werden, wobei
M7) die Retorten (1) gegenüber dem Eintritt von heißen Rauchgasen zumindest weitgehend abgeschlossen sind und
M8) die Erhitzung der in den Retorten (1) befindlichen Ausgangsmaterialien (2)
M9) mittels der Rauchgase
M10) durch die Beheizung der Retorten (1)
M11) nur mittelbar durch eine Trennwand (14) hindurch erfolgt, und wobei
M12) ein die jeweilige Retorte (1) umschließender Raum ein Ringraum (15)
M13) zwischen der Trennwand (14) und einer Außenwand (13) der Retorte ist, wobei
(gemäß Oberbegriff)
M14) die Pyrolysegase durch den Ringraum (15) hindurch
M15) zu der Brennkammer (4) geleitet werden, und dass
M16) durch die Rauchgase die abströmenden Pyrolysegase und
M17) die Außenwand (13) der Retorte (1) beheizt werden
(gemäß kennzeichnendem Teil)"[15]

Das zweite Beispiel eines Einspruchsschriftsatzes kann dem Register des EPA entnommen werden.[16]

„ZF Lenksysteme GmbH./. NSK Ltd.
Einspruch gegen EP 2 017 160
„Elektrische Servolenkvorrichtung"

---

[15] EPA, https://register.epo.org/application?documentId=E6JTN9735375DSU&number=EP17769 097&lng=de&npl=false, abgerufen am 24.01.2022.

[16] EPA, https://register.epo.org/application?documentId=EVTQJK7E6082FI4&number=EP07741 442&lng=de&npl=false, abgerufen am 24.01.2022.

Gegen die Erteilung des europäischen Patents (im folgenden Streitpatent genannt) mit dem Aktenzeichen

EP 2 017 160,

Inhaber: NSK Ltd., Tokyo, cZF Lenksysteme GmbH, 73527 Schwäbisch Gmünd

Einspruch

eingelegt. Die Einspruchsgebühr wird mit beiliegendem Abbuchungsauftrag entrichtet

1. Anträge

Es wird der Widerruf des Streitpatents in vollem Umfang beantragt.

Für den Fall, dass ein Widerruf auf der Basis des Einspruchsschriftsatzes (noch) nicht möglich ist, wird eine mündliche Verhandlung nach Artikel 116 EPÜ beantragt, wobei bereits jetzt angekündigt wird, dass in diesem Fall in deutscher Sprache vorgetragen wird.

2. Status des Streitpatents

Das Streitpatent wurde am 11.04.2007 angemeldet. Die Patenterteilung wurde am 12.06.2013 veröffentlicht. Das Streitpatent nimmt die Priorität dreier japanischer Patentanmeldungen JP 2006109137, JP 2006109138 und JP 2006109139, jeweils vom 11.04.2006 in Anspruch. Das Streitpatent steht in Deutschland, Frankreich und Großbritannien in Kraft. Anspruch 1 des Streitpatents ist der einzige unabhängige Patentanspruch, dem sich die abhängigen Ansprüche 2 bis 16 anschließen.

3. Gegenstand des Streitpatents

Das Streitpatent betrifft zusammengefasst eine elektrische Servolenkungsvorrichtung mit einer Lenksäule in welcher eine Lenkwelle eingesetzt ist. Auf die Lenkwelle wird ein Drehmoment vom Lenkrad übertragen. An die Lenkwelle ist ein Untersetzungsgetriebe gekoppelt. Ein Elektromotor überträgt über einen Untersetzungsmechanismus des Untersetzungsgetriebes eine Lenkunterstützungskraft auf die genannte Lenkwelle. Ferner besitzt die Servolenkungsvorrichtung noch eine Steuereinheit zur Ansteuerung des Elektromotors.

Anspruch 1 legt nun fest, wie die genannten Komponenten zueinander angeordnet sein sollen. Es ist ersichtlich, dass die englische Übersetzung der japanischen Prioritätsanmeldungen JP 2006109137, JP 2006109138 und JP 2006109139 nicht mit dem übereinstimmt, was etwa die Figuren des Streitpatents zeigen. <u>Hinsichtlich der Prüfung von Neuheit und erfinderischer Tätigkeit werden zur Auslegung des Anspruchs 1 noch die Beschreibung und die Ausführungsbeispiele des Streitpatents herangezogen, soweit die Lehre des Anspruchs 1 nicht ausführbar ist (Punkt 4.1), und daher nicht dem Verständnis dienen kann.</u>

Das Untersetzungsgetriebe ist in einem Gehäuse untergebracht. Dieses Gehäuse bildet eine Stirnfläche (end face) an der der Elektromotor so befestigt wird, dass eine Ebene der Motorwelle eine Ebene der Lenkwelle kreuzt. In den Figuren ist hier ein rechter Winkel gezeigt.

Auf dem Gehäuse des Untersetzungsgetriebes ist nahe der Stirnfläche ein Abschnitt zur Anbringung des Steuergerätes angeordnet.

Ausgehend von dem oben ausgelegten Gegenstand stellt sich das Patent drei Aufgaben, nämlich erstens eine verbesserte Wärmeabstrahlung von Wärmequellen (des Steuergerätes) bereitzustellen, zweitens Kabelverbindungen vor der Wärmeabstrahlung des Elektromotors zu schützen und drittens eine räumlich kompakte Servolenkung unter Sicherstellung eines collapse stroke bereitzustellen.

Der kennzeichnende Teil des Anspruch 1 wird so ausgelegt, dass das Steuergerät so anzuordnen ist, dass es während eines Stoßes auf die Lenksäule („collapse stroke of the steering column"), etwa während eines Unfalls, keine sich bewegenden Teile, insbesondere Teile der Lenksäule (outer tube 3b) behindert. Da der kennzeichnende Teil des Anspruchs 1 nicht, auch nicht indirekt, auf Wärmequellen oder Kabelverbindungen Bezug nimmt, ergibt sich, dass Anspruch 1 ausschließlich zur Lösung der dritten Aufgabe dienen könnte.

4. Begründung

Der Einspruch wird darauf gestützt, dass die Gegenstände der Ansprüche 1 bis 16 des Streitpatents nicht nach den Artikeln 52–54 EPÜ patentierbar sind (Artikel 100a EPÜ) und dass die Gegenstände der Ansprüche nicht so deutlich und vollständig offenbart sind, dass ein Fachmann sie ausführen kann (Artikel 100b EPÜ).

4.1 Fehlende Ausführbarkeit

Die Lehre des Patents ist nicht ausführbar.

Anspruch 1 gemäß Druckexemplar lautet insbesondere:

„... wherein in the reduction gear box (4), the electric motor is mounted on a motor mounting section (17) formed at an end face in a direction crossing the steering shaft (2) and a control unit (19) for controlling to drive the electric motor is mounted on a control-unit mounting section (20) formed on an outer surface close to the motor mounting section (17)...".

*Der Elektromotor muss demnach **in** dem Untersetzungsgetriebegehäuse angeordnet sein. Auch die Steuereinheit muss **in** dem Untersetzungsgetriebegehäuse angeordnet sein. Dies widerspricht den Ausführungsbeispielen und ist nicht ausführbar, da dem Fachmann nicht angegeben wird, wie das Untersetzungsgetriebegehäuse ausgestaltet sein müsste, um den Elektromotor und die Steuereinheit aufzunehmen.*

Die Stirnseite des Untersetzungsgetriebegehäuses soll in einer Richtung die Lenkwelle kreuzen. Nach Auslegung des Merkmals mag es heißen, „eine Ebene, die durch die Stirnseite des Untersetzungsgetriebegehäuses gebildet ist, verläuft nicht parallel zu der von der Lenkwelle gebildeten Achse". Auch hier zeigen die Ausführungsbeispiele etwas anderes, nämlich die parallele Anordnung bezüglich der Stirnseite und der Lenkwelle. Im übrigen gibt Merkmal 1.8 keine Hinweise, an welchem Ort die Steuereinheit anzu-

ordnen ist. Das Merkmal 1.8 ist lediglich aufgabenhaft formuliert und gibt dem Fachmann keine konkreten Handlungsanleitungen. Insbesondere hilft auch das Merkmal 1.7 nicht weiter, da ein Anbringen des Steuereinheits-Anbringungsabschnitts „nahe" des Motoranbringungsabschnitts keine konkrete Anleitung ist, wo nun der Steuereinheits-Anbringungsabschnitt anzuordnen wäre.

4.2 Neuheit und erfinderische Tätigkeit

4.2.1 Beweismittel

Folgende Beweismittel werden angeführt:

D01	*EP 0 753 448 A1 (Offenlegung 1996), wird in der Streitpatentschrift als gattungsgemäß genannt (Spalte 1, Zeile 7)*
E01	*DE 101 41 199 A1 (Offenlegung 2002)*
E02	*DE 202 17 630 U1 (Offenlegung 2003)*
E03	*DE 195 44 755 C2 (Offenlegung 2001)*
E04	*JP 2006 036 077 A (Offenlegung 9.2.2006)*
E05	*JP 2003 118 601 A (Offenlegung 2003)*
E06	*JP 2002 173 035 A (Offenlegung 2003)*
E07	*JP 2000 103 347 A (Offenlegung 2000)*
E08	*JP 2003 182 606 A (2003, zitiert im Erteilungsverfahren)*
E09	*JP 2002 308 122 A (2002, zitiert im Erteilungsverfahren)*
E10	*DE 198 09 421 A (1999, zitiert im Erteilungsverfahren)*
E11	*JP 2004 345 643 A (2003, zitiert im Erteilungsverfahren)*
E12	*JP 2004 1641 A (2003, zitiert im Erteilungsverfahren)*
E13	*JP 2006 36.077 A (2003, zitiert im Erteilungsverfahren)*
E14	*Rechnung zu E16*
E15	*diverse Fotos einer Servolenkung gemäß E16 im Besitz des Unterzeichners*
E16	*Servolenkung gemäß E15 (nicht mitgesandt)*

4.2.2 Merkmalsgliederung Anspruch 1

Anspruch 1 ist in der patentierten Fassung unklar. Sein Gegenstand ist ferner für den Fachmann nicht ausführbar. Sollte Anspruch 1 entgegen unserer Auffassung für ausführbar erachtet werden, so müsste der Wortlaut des Anspruchs an die im Streitpatent offenbarten Ausführungsbeispiele angepasst werden. In diesem Falle ließe sich Anspruch 1 in folgende Merkmale gliedern:

1.1 *Eine elektrische Servolenkungsvorrichtung umfasst eine Lenksäule (3).*

1.2 *In der Lenksäule ist eine Lenkwelle eingesetzt, auf die ein Drehmoment übertragbar ist.*

1.3 *Die elektrische Servolenkungsvorrichtung umfasst ein Untersetzungsgetriebegehäuse (4), das an die Lenkwelle gekoppelt ist;*

1.4 *Die elektrische Servolenkungsvorrichtung umfasst einen elektrischen Motor (5), welcher eine Lenkunterstützungskraft auf die Lenkwelle über einen Untersetzungsmechanismus in dem Untersetzungsgetriebegehäuse überträgt.*

1.5 An einer Stirnseite des Untersetzungsgetriebegehäuses (4) ist der elektrische Motor (5) auf einem Motoranbringungsabschnitt (17) angebracht.

1.6 Eine Ebene der Stirnseite ist in einer Richtung ausgebildet, welche die Lenkwelle (2) kreuzt.

1.7 An dem Untersetzungsgetriebegehäuses (4) ist eine Steuereinheit (19) zum Steuern zum Antrieb des elektrischen Motors auf einem Steuereinheits-Anbringungsabschnitt (20) angebracht, welcher auf einer äußeren Oberfläche nahe des Motoranbringungsabschnitts (17) ausgebildet ist,

-Oberbegriff-

1.8 Die Steuereinheit (19) ist in einer Position angeordnet, wo die Steuereinheit zur Zeit eines Kollapshubes der Lenksäule (3) des Untersetzungsgetriebegehäuses (4) ein sich bewegendes Element nicht beeinträchtigt.

-Kennzeichen-

4.2.3 Fehlende Neuheit gegenüber der Offenbarung der D1

*Eine elektrische Servolenkungsvorrichtung gemäß dem aus dem europäischen Erteilungsverfahren bekannten Dokument D1, Fig. 1, Fig. 4, umfasst eine Lenksäule 1 (**Merkmal 1.1**). In der Lenksäule 1 ist eine Lenkwelle 3 eingesetzt, auf die ein Drehmoment vom Lenker 2 übertragbar ist (**Merkmal 1.2**). Die elektrische Servolenkungsvorrichtung umfasst ein Untersetzungsgetriebegehäuse 21, das an die Lenkwelle gekoppelt ist (**Merkmal 1.3**). Die elektrische Servolenkungsvorrichtung umfasst einen elektrischen Motor 8, welcher eine Lenkunterstützungskraft auf die Lenkwelle über einen Untersetzungsmechanismus 9, 10 in dem Untersetzungsgetriebegehäuse überträgt (Sp. 5, Z. 25–27), (**Merkmal 1.4**). An einer Stirnseite (Fig. 2, oben) des Untersetzungsgetriebegehäuses 1 ist der elektrische Motor 8 auf einem Motoranbringungsabschnitt angebracht (**Merkmal 1.5**). Eine Ebene der Stirnseite ist in einer Richtung ausgebildet, welche die Lenkwelle kreuzt, nämlich lotrecht (**Merkmal 1.6**). An dem Untersetzungsgetriebegehäuses ist gemäß z. B. Fig. 2 eine Steuereinheit 50, 51 zum Steuern zum Antrieb des elektrischen Motors 8 auf einem Steuereinheits-Anbringungsabschnitt angebracht, welcher auf einer äußeren Oberfläche nahe des Motoranbringungsabschnitts ausgebildet ist (**Merkmal 1.7**). Die Steuereinheit ist gemäß Fig. 1 in einer Position angeordnet, wo die Steuereinheit zur Zeit eines Kollapshubes der Lenksäule 1, 3 des Untersetzungsgetriebegehäuses ein sich bewegendes Element 3, 1 nicht beeinträchtigt (**Merkmal 1.8**). Dass ein Kollapshub vorgesehen ist, wird schon aus Fig. 4 deutlich, wo ein Bauteil 28 gezeigt ist mit zum Fahrzeugheck hin offenen Langlöchern. Der Anspruch 1 des Streitpatents wird daher durch das Dokument D1 offenbart.*

Die weiteren Dokumente E1, E3 und E7 stellen ebenfalls elektrische Servolenkungen dar und offenbaren daher vollständig den Oberbegriff des Anspruchs 1. Außerdem zeichnen sich diese Dokumente dadurch aus, dass die räumliche Anordnung der Steuereinheit des Servomotors dargestellt ist. Aus diesem Grund kann den Dokumenten die Anordnung der Steuereinheit in einer Weise entnommen werden, die aufzeigt, dass bei einem Kollaps der

Lenksäule die Steuereinheit den geplanten Weg der Bestandteile der Lenksäule während des Kollaps nicht stört. Im Einzelnen:

4.2.4 Fehlende Neuheit gegenüber der Offenbarung der E1

*Eine elektrische Servolenkungsvorrichtung gemäß Dokument E1 Fig. 1 und Fig. 5 umfasst eine Lenksäule 2 (**Merkmal 1.1**). In der Lenksäule 2 ist eine Lenkwelle 1 eingesetzt, auf die ein Drehmoment vom Lenker übertragbar ist [0026] (**Merkmal 1.2**). Die elektrische Servolenkungsvorrichtung umfasst ein Untersetzungsgetriebegehäuse 51, das an die Lenkwelle gekoppelt ist (**Merkmal 1.3**). Die elektrische Servolenkungsvorrichtung umfasst einen elektrischen Motor 43, welcher eine Lenkunterstützungskraft auf die Lenkwelle über einen Untersetzungsmechanismus 41, 42 in dem Untersetzungsgetriebegehäuse überträgt (**Merkmal 1.4**). An einer Stirnseite (Fig. 4, oben) des Untersetzungsgetriebegehäuses 51 ist der elektrische Motor 43 auf einem Motoranbringungsabschnitt angebracht (**Merkmal 1.5**). Eine Ebene der Stirnseite ist in einer Richtung ausgebildet, welche die Lenkwelle kreuzt, nämlich lotrecht (**Merkmal 1.6**). An dem Untersetzungsgetriebegehäuse ist gemäß z. B. Fig. 1 eine Steuereinheit 44 zum Steuern zum Antrieb des elektrischen Motors auf einem Steuereinheits-Anbringungsabschnitt angebracht, welcher auf einer äußeren Oberfläche nahe des Motoranbringungsabschnitts ausgebildet ist (**Merkmal 1.7**). Die Steuereinheit ist gemäß Fig. 1 in einer Position angeordnet, wo die Steuereinheit zur Zeit eines Kollapshubes der Lenksäule 1, 2 des Untersetzungsgetriebegehäuses ein sich bewegendes Element 2, Fig. 5, Nr. 64 nicht beeinträchtigt (**Merkmal 1.8**). Die Steuereinrichtung 44 befindet sich also außerhalb der „Gefahrenzone" (vgl. insb. Fig. 1 und 7). Eine Kollision sich bewegender Teile mit der Steuereinrichtung 44 bei einem Zusammenfahren/Kollaps der Lenksäule ist daher ausgeschlossen.*

4.2.5 Fehlende Neuheit gegenüber der Offenbarung der E3

Die deutsche Patentschrift E3 beschreibt eine elektrische Servolenkvorrichtung (Titel) mit einer Lenksäule (Fig. 1, Nr. 3a), wobei in dieser Lenksäule eine Lenkwelle (Fig. 1, Nr. 3) angeordnet ist, zu der ein Lenkmoment übertragen wird (Fig. 1, Nr. 11). Außerdem ist ein Untersetzungsgetriebegehäuse beschrieben (Fig. 3, Nr. 15), das an die Lenkwelle gekoppelt ist (Fig. 1). Ferner wird ein elektrischer Motor (Fig. 3, Nr. 13) offenbart, der eine Lenkunterstützungskraft auf die Lenkwelle überträgt, wobei ein Untersetzungsgetriebegehäuse mit einem Untersetzungsmechanismus zwischengeschaltet ist (Sp. 8, Z. 9–18). Außerdem ist an dem Untersetzungsgetriebegehäuse der elektrische Motor auf einem Motoranbringungsabschnitt angebracht (Fig. 3), welcher an einer Endfläche in einer Richtung ausgebildet ist, welche die Lenkwelle kreuzt (Fig. 3) und eine Steuereinheit zum Steuern zum Antrieb des elektrischen Motors auf einem Steuereinheits-Anbringungsabschnitt angebracht ist (Nr. 18), welcher auf einer äußeren Oberfläche nahe des Motoranbringungsabschnitts ausgebildet ist (Figur 2, Nr. 3). Die D1 offenbart daher den Oberbegriff des Anspruchs 1. Die (abgewinkelte) Steuereinrichtung 18 ist ebenfalls derart angeordnet, dass sie das Zusammenschieben des Lenkwellen-Gehäuses 3a (und des nicht Stoß-betroffenen Getriebegehäuses 15) nicht beeinträchtigt.

4.2.6 Fehlende Neuheit gegenüber der Offenbarung der E7

Die deutsche Patentschrift E3 beschreibt eine elektrische Servolenkvorrichtung (Titel) mit einer Lenksäule (Fig. 2, Nr. 4). Außerdem ist in dieser Lenksäule eine Lenkwelle (Fig. 2, Nr. 3) angeordnet, zu der ein Lenkmoment übertragen wird (abstract). Außerdem ist ein Untersetzungsgetriebegehäuse beschrieben (Fig. 3, 7, 8, Nr. 6), das an die Lenkwelle gekoppelt ist (Fig. 3, 7, 8 Nr. 6). Ferner wird ein elektrischer Motor (alle Fig. Nr. 5) offenbart, der eine Lenkunterstützungskraft auf die Lenkwelle überträgt, wobei ein Untersetzungsgetriebegehäuse mit einem Untersetzungsmechanismus zwischengeschaltet ist [0008]. Außerdem ist an dem Untersetzungsgetriebegehäuse der elektrische Motor auf einem Motoranbringungsabschnitt angebracht (Fig. 2), welcher an einer Endfläche in einer Richtung ausgebildet ist, welche die Lenkwelle kreuzt (Fig. 7) und eine Steuereinheit zum Steuern zum Antrieb des elektrischen Motors auf einem Steuereinheits-Anbringungsabschnitt angebracht ist (Fig. 2, 3 Nr. 10 auf Nr. 23), welcher auf einer äußeren Oberfläche nahe des Motoranbringungsabschnitts ausgebildet ist (Fig. 2, 3). Die Steuereinheit 10 befindet sich auch hier außerhalb der stearing column 4 und des gear case 6 (Zusammenschub der Lenksäule, vgl. Fig. 5 gegenüber Fig. 4).

4.2.7 Mangelnde erfinderische Tätigkeit in Zusammenschau von E8 und E13

Die angebliche Erfindung, insbesondere die Ansprüche 1, 4, 5 und 8, ist durch die Offenbarung E8, Spalte 3, Zeilen 5–21; Spalte 3, Zeile 43 bis Spalte 4, Zeile 12; Fig. 2 und 3 in Zusammenschau mit E13, Absatz 46 bis 49 und Fig. 2 für den Fachmann naheliegend. Das in Anspruch 14 beschriebene Verhältnis der Anordnung ist in E13 offenbart. Insbesondere ist ein Kontraktionsstopper von E13 offenbart und die in Anspruch 14 vermittelte Anordnung kann einfach durch den Fachmann erreicht werden.

4.2.8 Mangelnde erfinderische Tätigkeit bezüglich E8 und E10

Anspruch 2 und Anspruch 3 ergeben sich naheliegend aus E8 in Zusammenschau mit E10, Figurenbeschreibung und Fig. 1, 2 und 3 und beruhen nicht auf erfinderischer Tätigkeit.

4.2.9 Mangelnde erfinderische Tätigkeit in Zusammenschau von E8, E10 und E11

Die Ansprüche 6, 15 und 16 sind nahegelegt durch E8 in Verbindung mit E10, Fig. 1 und Fig. 2 und zugehöriger Figurenbeschreibung sowie E11, Fig. 2 mit zugehöriger Beschreibung. E10 offenbart insbesondere die beanspruchte Befestigung zwischen Steuereinheit 62 und Gehäuse 73. Ein „Synthetikharzrahmen" ist in E11 offenbart (Bezugszeichen 70). Der Rahmen 70 umschließt die Leistungsmodulplatte 63. Es ist naheliegend, ein Steuergerät gemäß E11 auf einem Getriebegehäuse gemäß etwa E8, E1, E3 oder E7 anzuordnen.

4.2.10 Mangelnde erfinderische Tätigkeit in Zusammenschau von E8 und E12

Eine Anordnung gemäß Anspruch 7 zeigt E12, Fig. 1 und 2. Diese Anordnung kann einfach für eine Servolenkung gemäß etwa E1 oder E8 genutzt werden.

4.2.11 Mangelnde erfinderische Tätigkeit in Zusammenschau von E8 und E9

E9, Fig. 5 zeigt die Merkmale der Ansprüche 9 und 10. Anspruch 11 liegt ebenfalls aus E9 nahe, da die dort gezeigte Konfiguration der Anschlüsse auf entsprechende Leistungszufuhranschlüsse und Signalanschlüsse von E8 übertragbar sind.

4.2.12 Mangelnde erfinderische Tätigkeit in Zusammenschau von E8 und Fachwissen

Anspruch 12 liegt aus E8 nahe. Die Anbringung eines Elektromotors und des Verbindungsanschlusses beruht auf Erwägungen zum Design und wird unter Berücksichtigung üblicher Gesichtspunkte wie Anzahl der Komponenten, Anordnung weiterer Elemente etc. ohne erfinderische Tätigkeit erfolgen.

4.2.13 Mangelnde erfinderische Tätigkeit in Zusammenschau von E8, E9 und E10

In Zusammenschau von E8, E9 und E10 ergibt sich naheliegend Anspruch 13. E10 offenbart die Verbindung des Elektromotors und der Steuereinheit an einem Anschlussblock.

4.3 Offenkundige Vorbenutzung

Eine elektrische Servolenkung mit sämtlichen Merkmalen des Anspruch 1 ist für das Modell Opel Corsa C verwendet worden. Das Modell Opel Corsa C wurde von Herbst 2000 bis Sommer 2006 hergestellt. Ein Exemplar E16 gemäß den als Konvolut E15 eingereichten Fotografien wurde am 26.02.20014 gegen Rechnung E14 erworben. Die Rechnung an die Kanzlei des Vertreters weist nach, dass die Servolenkung, die als elektrische Lenksäule bezeichnet ist, aus einem Opel Corsa C Bj 2003 stammt. Damit ist die offenkundige Vorbenutzung nachgewiesen. "

8.7   Berechtigungsanfrage

Eine Berechtigungsanfrage ist eine Aufforderung eines Schutzrechtsinhabers an einen Dritten zur rechtlichen Klärung einer potenziellen Patentverletzung durch diesen Dritten beizutragen. Hierdurch möchte der Schutzrechtsinhaber das Risiko einer falschen Einschätzung der rechtlichen Situation minimieren.

Sehr geehrte Damen und Herren,

bitte teilen Sie uns mit, auf welcher rechtlichen Grundlage Sie sich berechtigt fühlen, die technische Lehre unseres Patents mit dem Titel ... und dem amtlichen Aktenzeichen DE..., das am ... beim deutschen Patentamt eingereicht wurde, zu benutzen.

Wir haben uns für Ihre Antwort den

28.2.2022

vermerkt.

Mit freundlichen Grüßen

8.8   Abmahnung

Eine Abmahnung dient der außergerichtlichen Beilegung eines Rechtsstreits. Hierzu ist es erforderlich, dass der Abgemahnte eine strafbewehrte Unterlassungserklärung abgibt. Üblicherweise wird eine vorformulierte Unterlassungsverpflichtung der Abmahnung beigefügt.

Abmahnung

Sehr geehrter Herr/Sehr geehrte Frau ...,

wir sind darauf aufmerksam geworden, dass Sie ein Produkt mit folgenden Eigenschaften: .... Mit folgender Etikettierung/Kennzeichnung/Produktbezeichnung/ ... Anhand einer Analyse, das an einem Produktmuster ... durchgeführt wurde, wurde von uns festgestellt, dass das Produkt außerdem folgende Charakteristika aufweist: ...

Dieses Produkt verletzt unser Patent ... Das Patent enthält den unabhängigen Anspruch mit den Merkmalen ..., woraus sich sofort die Patentverletzung ergibt.

Aufgrund Ihrer patentverletzenden Benutzung haben wir gegen Sie einen Unterlassungs-, Auskunftserteilung- und Schadensersatzanspruch.

Wir fordern Sie auf, die beigefügte Erklärung (siehe Anlage) zu unterzeichnen und uns zu übersenden. Für den Eingang dieser Erklärung haben wir uns den

12.12.2022

notiert.

Sollte diese Erklärung nicht in dieser Form fristgemäß bei uns eingehen, werden wir gerichtliche Schritte gegen Sie einleiten.

Wir weisen Sie darauf hin, dass nur eine Verpflichtungserklärung mit einem Vertragsstrafeversprechen in angemessener Höhe die Wiederholungsgefahr ausräumen kann. Hierzu genügt nicht die tatsächliche Einstellung der Patentverletzung oder die Abgabe einer nicht strafbewehrten Erklärung.

Wir behalten uns die Geltendmachung von weitergehenden Ansprüchen vor.

Mit freundlichen Grüßen

<u>*Anlage*</u>
vorformulierte strafbewehrte Unterlassungsverpflichtung

Unterlassungsverpflichtung

Der/Die ... (Schuldner/Schuldnerin)

verpflichtet sich gegenüber

der/die ... (Gläubiger/Gläubigerin)

es bis zum Erlöschen des Patents ... zu unterlassen, folgende Produkte ... mit den Merkmalen ... (hier sollte eine detailgenaue Angabe der Eigenschaften der betreffenden Produkte erfolgen, um eine Verletzung der Unterlassungserklärung eindeutig erkennen zu können), die vom Patent ... beansprucht werden, herzustellen, anzubieten, in Verkehr zu bringen oder zu gebrauchen oder zu den genannten Zwecken einzuführen oder zu besitzen.

Für jeden Fall der Zuwiderhandlung verpflichtet sich der Schuldner gegenüber dem Gläubiger zu einer Vertragsstrafe in Höhe von 10.000 €. Bei einer Verletzung durch Anbieten im Internet gilt jeder Tag als eine Verletzungshandlung. Eine Vertragsstrafe wird nicht fällig, wenn beim Schuldner kein Verschulden vorliegt.

München, den ...   (Schuldner/Schuldnerin, Vor- und Zuname)

Printed in the United States
by Baker & Taylor Publisher Services